全国高等医学教育"十三五"规划系列教材

生物化学
与分子生物学
学习指导

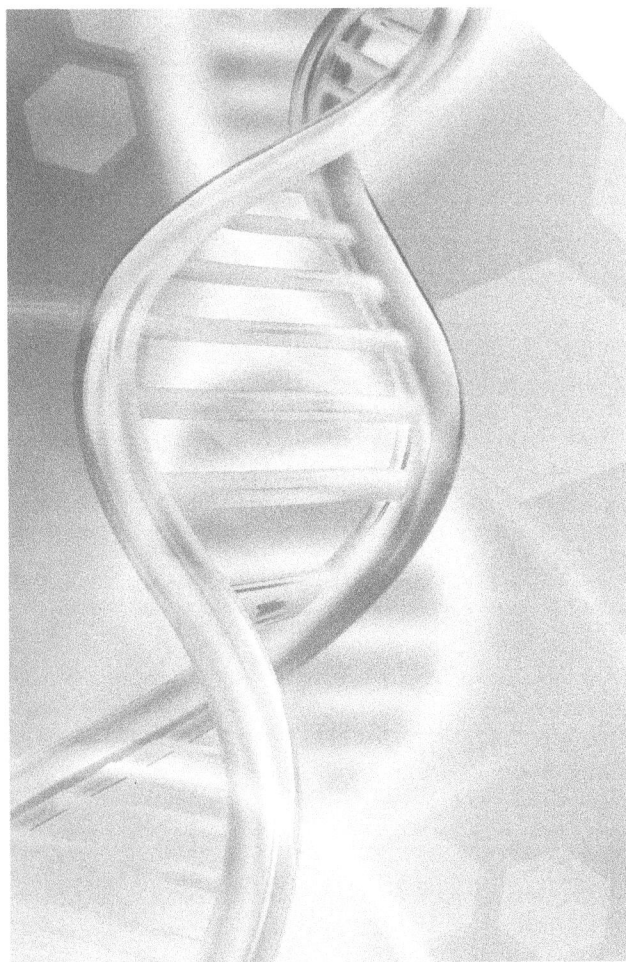

主编◎单妍

ZHEJIANG UNIVERSITY PRESS
浙江大学出版社

图书在版编目（CIP）数据

生物化学与分子生物学学习指导 / 单妍主编. —杭州：浙江大学出版社，2018.2（2022.6 重印）
ISBN 978-7-308-18001-6

Ⅰ.①生… Ⅱ.①单… Ⅲ.①生物化学—高等学校—教学参考资料 ②分子生物学—高等学校—教学参考资料 Ⅳ.①Q5②Q7

中国版本图书馆 CIP 数据核字（2018）第 029253 号

生物化学与分子生物学学习指导

主　编　单　妍

副主编　谢　薇

责任编辑　秦　瑕

责任校对　梁　容　陈静毅

封面设计　林智广告有限公司

出版发行　浙江大学出版社
　　　　　（杭州市天目山路 148 号　邮政编码 310007）
　　　　　（网址：http://www.zjupress.com）

排　　版　杭州青翊图文设计有限公司

印　　刷　广东虎彩云印刷有限公司绍兴分公司

开　　本　787mm×1092mm　1/16

印　　张　9.75

字　　数　237 千

版 印 次　2018 年 2 月第 1 版　2022 年 6 月第 9 次印刷

书　　号　ISBN 978-7-308-18001-6

定　　价　35.90 元

生物化学与分子生物学学习指导
编委会名单

前　言

　　生物化学与分子生物学是高等医学院校的重要基础学科,也是学生们感到比较难学好的课程。为满足医学生能更好地掌握此门课程的需求,根据人民卫生出版社 2018 年出版的《生物化学与分子生物学》第九版教材的内容,结合独立医学院校教学与临床,参考相关书籍,编写了《生物化学与分子生物学学习指导》。每章由学习要求、知识概要、练习题和参考答案四部分组成,概要高度浓缩了每章内容,简要提示了课程标准要求,系统解析了教材内容。精心设计了多种形式试题,既照顾了知识的完整性,又涵盖了考点与知识点。希望通过多种练习题的磨练,帮助学生们有效地学习本门课程。本书适用于临床医学、口腔、药学、护理、影像、检验等专业的本、专科医学生。全体编者竭尽全力认真编写,但由于时间仓促,加之学术水平有限,难免存在诸多不足之处,期盼同行专家及使用该学习指导的广大师生提出宝贵意见。

单　妍

2020 年 3 月

目　　录

第一章　蛋白质结构与功能 …………………………………………… 1

第二章　核酸结构与功能 ……………………………………………… 9

第三章　酶 …………………………………………………………… 18

第四章　维生素 ……………………………………………………… 28

第五章　糖代谢 ……………………………………………………… 35

第六章　脂代谢 ……………………………………………………… 46

第七章　生物氧化 …………………………………………………… 56

第八章　氨基酸代谢 ………………………………………………… 62

第九章　核苷酸代谢 ………………………………………………… 72

第十章　肝脏的生物化学 …………………………………………… 77

第十一章　DNA 生物合成 …………………………………………… 86

第十二章　RNA 生物合成 …………………………………………… 94

第十三章　蛋白质生物合成 ………………………………………… 100

第十四章　基因表达调控 …………………………………………… 106

第十五章　常用分子生物学技术 …………………………………… 114

第十六章　基因重组与基因工程 …………………………………… 122

第十七章　癌基因、抑癌基因与生长因子 ………………………… 133

第十八章　基因诊断与基因治疗 …………………………………… 139

参考文献 ……………………………………………………………… 146

第一章　蛋白质的结构与功能

学习要求

1. 掌握:蛋白质组成单位氨基酸的化学结构与分类;氨基酸的理化性质,肽键和肽;蛋白质的一级结构与高级结构;蛋白质的基本理化性质。

2. 熟悉:蛋白质的结构与功能的关系;蛋白质的理化性质在医学中的应用。

3. 了解:蛋白质的分类及生理功能。

知识概要

一、蛋白质的分子组成

(一)人体蛋白质的组成

1. 由 20 种 L-α-氨基酸(甘氨酸除外)组成,近年发现硒代半胱氨酸在某些情况下也可以用于合成蛋白质。

2. 蛋白质的元素组成有 C、H、O、N、S,此外还有少量的 P 或金属元素等;其中含氮量约为 16%。

(二)根据氨基酸的结构与理化性质可分为 5 类

(1)非极性脂肪族氨基酸　(2)极性中性氨基酸　(3)芳香族氨基酸

(4)酸性氨基酸　(5)碱性氨基酸

(三)氨基酸的理化性质

1. 两性解离及等电点(pI)。

2. 含共轭双键的氨基酸具有紫外吸收性质,色氨酸、酪氨酸的最大吸收峰在 280nm 波长附近。

3. 氨基酸与茚三酮反应生成蓝紫色化合物。

(四)氨基酸间通过肽键连接而形成蛋白质或活性肽

二、蛋白质的分子结构

(一)蛋白质的一级结构

1. 指蛋白质多肽链中从 N 端至 C 端的氨基酸排列顺序。

2. 维持蛋白质一级结构的主要化学键:肽键。此外,二硫键也属于一级结构范畴。

3. 一级结构是蛋白质分子的基本结构,它决定蛋白质的空间构象(但并不是唯一决定因素),而空间构象是蛋白质实现其生物学功能的基础。

(二)蛋白质的二级结构——多肽链的局部主链的构象

1. 指某一段肽链中主链骨架原子的相对空间排列位置,并不涉及氨基酸残基侧链的构象。参与肽键的 6 个原子位于同一平面称肽单元。

2. 维持蛋白质二级结构的主要化学键:氢键。

3.蛋白质二级结构的主要构象形式:α-螺旋、β-折叠、β-转角、Ω-环、无规卷曲,其中 α-螺旋和 β 折叠是蛋白质二级结构的主要形式。

(1)α-螺旋最常见

①为右手螺旋;每 3.6 个氨基酸残基螺旋上升一圈,螺距为 0.54nm。

②氢键方向与螺旋长轴基本平行;氨基酸侧链伸向螺旋外侧。

(2)β-折叠使多肽链形成片层结构

(3)β-转角、Ω-环存在于球状蛋白质中

(三)蛋白质的三级结构

1.指整条多肽链中全部原子的三维空间排布,即蛋白质主链、侧链原子的三维空间结构。

2.维持蛋白质三级结构的主要化学键:次级键,如疏水键、盐键(离子键)、氢键、范德华力等。

3.结构模体:是蛋白质分子中具有特定空间构象和特定功能的结构成分。一个模体具有特征性氨基酸序列和特殊的局部功能。常见结构模体有:α-螺旋-β-转角-α-螺旋模体、链-β-转角-链模体、链-β-转角-α-螺旋-β-转角-链模体。

4.超二级结构:在许多蛋白质分子中,可由 2 个或 2 个以上具有二级结构的肽段,在空间上相互接近,形成一个有规则的二级结构组合,称为超二级结构。目前已知的二级结构组合有 αα、βαβ、ββ 等几种形式。

5.亮氨酸拉链:是出现在 DNA 结合蛋白和其他蛋白质中的一种结构模体,常出现在真核生物 DNA 结合蛋白的 C-端,往往与癌基因表达调控功能有关。

6.锌指结构:一个常见的模体,在许多钙结合蛋白分子中通常有一个结合钙离子的模体,它由螺旋-环-螺旋三个肽段组成,在环中有几个恒定的亲水侧链,侧链末端的氧原子通过氢键而结合钙离子。

7.结构域:是三级结构层次上的独立功能区,具有特定的生物学功能。

8.分子伴侣辅助合成中的蛋白质折叠成正确的空间构象。

(四)蛋白质的四级结构

1.指各亚基间通过非共价键连接形成的空间构象。

2.维持蛋白质四级结构的主要化学键:氢键和离子键。

3.蛋白质三、四级结构与生物学功能的联系。

(1)并不是所有蛋白质分子都具有四级结构。具有四级结构的蛋白质,单独的亚基通常没有生物学功能,只有具有完整的四级结构时才具有生物学功能。

(2)只具有三级结构的蛋白质,其完整正确的三级空间结构也可使此类蛋白质具有生物学活性。

(五)蛋白质可以依其组成、结构或功能进行分类

三、蛋白质结构与功能的关系

(一)蛋白质一级结构与功能的关系

1.一级结构是空间构象的基础。

2.一级结构相似的蛋白质具有相似的高级结构与功能。

3.重要蛋白质的氨基酸序列改变可引起疾病。

(二)蛋白质的空间结构和功能的关系

1.蛋白质功能的发挥依赖其特定的空间结构。

2.蛋白质不同的空间结构是由其不同的一级结构决定的。

3.蛋白质空间结构改变可引起疾病。

四、蛋白质的理化性质

蛋白质是由氨基酸组成的,故其理化性质必然与氨基酸相似或相同。

(一)具有两性电离性质

(二)具有胶体性质:蛋白质颗粒表面具有水化膜和带电荷

(三)蛋白质的变性,复性,沉淀,凝固

练习题

一、单项选择题

1.在天然蛋白质的组成中,不含有的氨基酸是 （　　）
   A.赖氨酸　　　　　　　B.精氨酸　　　　　　　C.半胱氨酸
   D.瓜氨酸　　　　　　　E.脯氨酸

2.含有两个氨基的氨基酸是 （　　）
   A.色氨酸　　　　　　　B.谷氨酸　　　　　　　C.半胱氨酸
   D.苯丙氨酸　　　　　　E.赖氨酸

3.组成蛋白质的不同氨基酸,其分子结构的不同在于 （　　）
   A.C_α　　　　　　　B.C_α—H　　　　　　C.C_α—COOH
   D.C_α—R　　　　　E.C_α—NH_2

4.下列哪一个氨基酸是亚氨基酸 （　　）
   A.赖氨酸　　　　　　　B.脯氨酸　　　　　　　C.异亮氨酸
   D.色氨酸　　　　　　　E.组氨酸

5.属于酸性氨基酸的是 （　　）
   A.天冬氨酸　　　　　　B.异亮氨酸　　　　　　C.天冬酰胺
   D.苯丙氨酸　　　　　　E.组氨酸

6.在280nm 波长紫外线下有最大吸收峰的氨基酸是 （　　）
   A.丝氨酸　　　　　　　B.色氨酸　　　　　　　C.亮氨酸
   D.谷氨酸　　　　　　　E.精氨酸

7.蛋白质肽键的化学本质是 （　　）
   A.氢键　　　　　　　　B.盐键　　　　　　　　C.二硫键
   D.酰胺键　　　　　　　E.疏水键

8.有关生物活性肽的描述错误的是 （　　）
   A.人体内存在多种低分子量的生物活性肽
   B.谷胱甘肽是生物体内重要的还原剂
   C.蛋白质与多肽中所含的氨基酸残基数目不同

    D. 催产素、脑啡肽、胰岛素、谷胱甘肽均称为生物活性肽

    E. 氨基酸通过肽键连接而形成肽

9. 下列有关蛋白质一级结构的叙述,错误的是   (   )

    A. 指多肽链中氨基酸的排列顺序

    B. 牛胰岛素是第一个被测定一级结构的蛋白质分子

    C. 从 C-端至 N-端氨基酸残基的排列顺序

    D. 蛋白质一级结构并不包括各原子的空间位置

    E. 维持蛋白质一级结构的主要化学键是肽键

10. 维系蛋白质二级结构稳定的化学键主要是   (   )

    A. 盐键   B. 肽键   C. 氢键

    D. 疏水作用   E. 二硫键

11. 蛋白质 α-螺旋的特点是   (   )

    A. 多为左手螺旋

    B. 螺旋方向与长轴垂直

    C. 氨基酸侧链伸向螺旋外侧

    D. 靠盐键维系稳定性

    E. 肽链主链骨架呈锯齿状

12. 参与蛋白质折叠的蛋白质分子是   (   )

    A. 细胞膜上受体   B. 伴侣蛋白   C. 细胞内骨架蛋白

    D. 组蛋白   E. 核蛋白体

13. 肽链 β-转角结构中的氨基酸常可为   (   )

    A. 脯氨酸   B. 半胱氨酸   C. 谷氨酸

    D. 甲硫氨酸   E. 丙氨酸

14. 维系蛋白质三级结构稳定最主要的化学键或作用力不包括的是   (   )

    A. 二硫键   B. 肽键   C. 氢键

    D. 范德华力   E. 疏水键

15. 有关蛋白质分子三级结构的描述中,错误的是   (   )

    A. 天然蛋白质分子均有这种结构

    B. 具有三级结构的多肽链都具有生物学活性

    C. 三级结构的稳定性主要是次级键维系

    D. 亲水基团聚集在三级结构的表面

    E. 决定蛋白质三级结构正确盘曲折叠的因素是氨基酸残基

16. 具有四级结构的蛋白质,以下描述正确的是   (   )

    A. 分子中必定含有辅基

    B. 四级结构中没有亚基

    C. 每条多肽链都具有独立的生物学活性

    D. 依赖肽键维系四级结构的稳定性

    E. 由两条或两条以上具有独立三级结构的多肽链组成

17. 下列结构中,属于蛋白质模体结构的是　　　　　　　　　　　　　　（　　　）

　　A. α-螺旋　　　　　　　　B. β-折叠　　　　　　　　C. 亚基

　　D. 锌指结构　　　　　　　E. 结构域

18. 镰刀形贫血的发病机制是由于血红蛋白分子中某个位点上的　　　　（　　　）

　　A. 甘氨酸变成了谷氨酸　　B. 谷氨酸变成了甘氨酸　　C. 谷氨酸变成了缬氨酸

　　D. 缬氨酸变成了谷氨酸　　E. 缬氨酸变成了甘氨酸

19. 蛋白质的空间构象主要取决于肽链中的结构是　　　　　　　　　　（　　　）

　　A. 二硫键的位置　　　　　B. α-螺旋　　　　　　　　C. β-折叠

　　D. 氨基酸序列　　　　　　E. 氢键的位置

20. 使血清白蛋白(pI 为 4.7)带正电荷的溶液 pH 值是　　　　　　　　（　　　）

　　A. 4.0　　　　　　　　　　B. 4.7　　　　　　　　　　C. 5.0

　　D. 6.0　　　　　　　　　　E. 7.0

21. 可使蛋白质变性的是　　　　　　　　　　　　　　　　　　　　　（　　　）

　　A. 蛋白质一级结构的改变　B. 蛋白质发生沉淀　　　　C. 辅基的脱落

　　D. 蛋白质空间构象的破坏　E. 低温贮存蛋白质

22. 蛋白质变性后的主要表现是　　　　　　　　　　　　　　　　　　（　　　）

　　A. 不易被胃蛋白酶水解　　B. 黏度降低　　　　　　　C. 溶解度增加

　　D. 分子量变小　　　　　　E. 丧失原有的生物活性

23. 当溶液的 pH 与某种氨基酸的 pI 一致时,该氨基酸在此溶液中的存在形式是

　　　　　　　　　　　　　　　　　　　　　　　　　　　　　　　　（　　　）

　　A. 兼性离子　　　　　　　B. 非兼性离子　　　　　　C. 带单价正电荷

　　D. 疏水分子　　　　　　　E. 带单价负电荷

24. 体内各种蛋白质的等电点大多接近于 pH5.0,它们在体液环境下大多数蛋白解离成

　　　　　　　　　　　　　　　　　　　　　　　　　　　　　　　　（　　　）

　　A. 阴离子　　　　　　　　B. 阳离子　　　　　　　　C. 兼性离子

　　D. 疏水分子　　　　　　　D. 亲水分子

25. 某一混合蛋白质溶液,其内各种蛋白质的 pI 分别为 4.1,5.3,5.7,6.2,7.0,电泳时

　　欲使其中四种泳向负极,缓冲液的 pH 应是多少　　　　　　　　　（　　　）

　　A. 3.5　　　　　　　　　　B. 4.5　　　　　　　　　　C. 5.0

　　D. 6.5　　　　　　　　　　E. 7.5

二、填空题

1. 蛋白质的主要组成元素有＿＿＿＿,＿＿＿＿,＿＿＿＿,＿＿＿＿。

2. 各种蛋白质所含＿＿＿＿元素的量相近,平均约为＿＿＿＿%。

3. 组成生物体蛋白质的 20 种氨基酸中,＿＿＿＿和＿＿＿＿为酸性氨基酸;碱性氨基
酸包括＿＿＿＿、＿＿＿＿和＿＿＿＿;能形成二硫键的氨基酸是＿＿＿＿。

4. ＿＿＿＿键是蛋白质结构分子中最基本的结构化学键;它是由一个氨基酸的 α 碳原
子上的＿＿＿＿基团与另一个氨基酸 α 碳原子上的＿＿＿＿基团脱去一分子水所形成的。

5. 蛋白质的一级结构是指氨基酸从＿＿＿＿端至＿＿＿＿端的排列顺序。

6.α-螺旋是常见的蛋白质_____级结构。天然蛋白质分子中的 α-螺旋结构大都属于_____手螺旋。每上升一圈螺旋包含_____个氨基酸残基,螺距为_____。

7.维持蛋白质一级结构稳定的化学键主要有_____和_____;维持蛋白质二级结构稳定的主要化学键靠_____键;维持蛋白质三级结构和四级结构稳定主要靠_____键,其中包括_____、_____、_____和_____。

8.蛋白质具有两性电离的性质,大多数体内蛋白在碱性溶液中解离成_____离子。

9.蛋白质变性指在某些物理或化学因素作用下,使得_____键和_____键被破坏,从而使蛋白质的_____改变及_____丧失。

10.蛋白质的呈色反应有_____反应和_____反应;多数氨基酸与茚三酮反应生成_____色化合物。

三、名词解释

1.氨基酸的等电点　　　　2.结构模体　　　　3.结构域
4.分子病　　　　　　　　5.蛋白质变性　　　6.蛋白质复性
7.盐析

四、简答题

1.根据蛋白质的组成不同可将蛋白质分为哪两类? 各自具有何特点?

2.蛋白质一级结构、高级结构与蛋白质功能之间有何关系?

3.蛋白质具有哪些理化性质?

4.请从结构与功能方面比较血红蛋白与肌红蛋白的不同。

参考答案

一、单项选择题

1.D　2.A　3.D　4.B　5.A　6.B　7.D　8.C　9.C　10.C
11.C　12.C　13.B　14.B　15.B　16.E　17.D　18.C　19.D　20.A
21.C　22.E　23.A　24.A　25.B

二、填空题

1.碳(C)　氢(H)　氧(O)　氮(N)

2.氮(N)　16

3.谷氨酸　天冬氨酸　赖氨酸　精氨酸　组氨酸　半胱氨酸

4.肽　氨基($-NH_2$)　羧基($-COOH$)

5.氮(N)　碳(C)

6.二　右　3.6　0.54nm

7.肽键　二硫键　氢　次级　盐键　氢键　离子键　范德华力

8.负

9.二硫　非共价　理化性质　生物学活性

10.茚三酮　双缩脲　紫蓝

三、名词解释

1.氨基酸的等电点:在某一 pH 的溶液中,氨基酸解离成阳离子和阴离子的趋势及程度相等,成为兼性离子、呈电中性,此时溶液的 pH 称为该氨基酸的等电点。

2.结构模体:是蛋白质分子中具有特定构象和功能的结构成分。如:结合钙离子的模体、锌指结构等。

3.结构域:分子量较大的蛋白质常可折叠形成多个结构较为紧密、稳定的区域,且各区域各行其功能,这些区域称为结构域。

4.分子病:由于蛋白质分子中起关键作用的氨基酸残基缺失或替换,引起蛋白质空间构象改变而导致的疾病称为分子病,如:镰状红细胞贫血、地中海贫血等。

5.蛋白质变性:在某些物理或化学因素作用下,蛋白质的空间构象被破坏,导致其理化性质改变、生物学活性丧失,称为蛋白质变性。蛋白质变性不涉及一级结构中氨基酸序列的改变。

6.蛋白质复性:若蛋白质变性程度较轻,去除引起蛋白质变性的因素后,有些蛋白质仍可恢复或部分恢复其原有的空间构象和功能,这种性质称为复性。

7.盐析:是指将硫酸铵、硫酸钠或氯化钠等弱性盐加入蛋白质溶液中,使蛋白质表面电荷被中和、水化膜被破坏,导致蛋白质在水溶液中的稳定性因素去除,从而发生沉淀,这种浓缩蛋白质的方法称为盐析。

四、简答题

1.答:根据蛋白质的组成成分可将蛋白质分为单纯蛋白质和结合蛋白质。

(1)单纯蛋白质:又称为简单蛋白质,只含有氨基酸组成;广泛存在于生物体内,如白蛋白、球蛋白、鱼精蛋白等。

(2)结合蛋白质:由蛋白质部分和非蛋白质部分组成,在蛋白质的生物学活性或代谢中发挥作用;将结合蛋白质中的非蛋白质部分称为辅基,绝大多数辅基是通过共价键的方式与蛋白质部分相连接。可构成辅基的种类很多,根据辅基的不同,结合蛋白质又可分为核蛋白(含核酸)、糖蛋白(含多糖)、脂蛋白(含脂类)、磷蛋白(含磷酸)、金属蛋白(含金属)及色蛋白(含色素)等。

2.答:(1)蛋白质一级结构是高级结构的基础;蛋白质一级结构与其功能密切相关,也即一级结构相似的多肽或蛋白质具有相似的生物学功能;蛋白质一级结构中起关键作用的氨基酸残基缺失或被替代,可通过影响空间构象而影响其生理功能,甚至导致产生分子病,如:镰状红细胞贫血。另外,不同物种间蛋白质一级结构中氨基酸序列的排布不同,可为生物进化提供信息。

(2)蛋白质的功能依赖特定空间结构,即体内蛋白质所具有的特定空间构象都与其发挥特殊的生理功能密切相关。且正确的蛋白质空间构象和蛋白质正常生物学活性的发挥,均与多肽链的正确折叠有关。若蛋白质的折叠错误,尽管蛋白质的一级结构不变,但是蛋白质的构象仍将发生改变,进而影响蛋白质的正常生理功能,严重时可导致疾病发生,如:疯牛病。

3.答:蛋白质具有的理化性质有:

(1)蛋白质具有两性电离性质:蛋白质分子中的基团(氨基、羧基、氨基酸残基侧链中的某些基团)在一定 pH 溶液下,均可解离成带负电荷或正电荷的基团。体内各种蛋白质的等电点不同,但大多数接近 pH5.0。

(2)蛋白质具有胶体性质:由于蛋白质分子量变化较大,且直径可达 1～100nm,属于胶粒范围,故而蛋白质具有胶体性质。维持蛋白质胶体稳定的两个因素是蛋白质颗粒表面具有的一层水化膜和电荷。

(3)蛋白质变性与复性:在一定物理或化学条件下,导致蛋白质的空间结构由有序结构变为无序结构时,蛋白质的理化性质和生物学活性均可改变,从而导致蛋白质变性。若蛋白质变性的程度较轻,在去除上述引起蛋白质变性的因素后,蛋白质的空间结构和功能可(部分)恢复为原有状态,此时蛋白质即可复性。

(4)蛋白质的紫外吸收性质:含有共轭双键的蛋白质在紫外光波长 280nm 处有最大吸收峰。可用于蛋白质含量的测定。

(5)蛋白质的呈色反应:蛋白质分子中肽键可与某些试剂发生特定的显色反应,且产生的有色物质与蛋白质浓度相关。氨基酸没有肽键特有的呈色反应,如双缩脲反应。

4.答:肌红蛋白与血红蛋白是均含有血红素辅基的结合蛋白质。血红素是环状铁卟啉化合物,Fe^{2+} 居于环中,可与 1 分子氧发生氧化还原反应。

(1)肌红蛋白:是仅具有三级结构的蛋白质分子,含有 1 个血红素辅基,能与 1 分子氧结合。具有为肌肉组织储存氧的功能。

(2)血红蛋白:含有 2 个 α 亚基和 2 个 β 亚基的、具有四级结构的蛋白质。每个亚基结构中间有 1 个疏水局部,可结合 1 个血红素辅基,故血红蛋白中共含有 4 个血红素辅基,各分别与 1 分子氧结合,因此血红蛋白共可结合 4 分子氧。血红蛋白为变构蛋白质,其与氧的结合或解离与氧分压有关,具有运输氧的功能。

(梁璇、柳青婷)

第二章　核酸的结构与功能

学习要求

1.掌握：核酸分子组成；DNA 的结构与功能；RNA 的分类与功能；核酸理化性质及应用。

2.熟悉：核酸的分类；核酸的生物学功能。

3.了解：核酸酶及其应用。

知识概要

一、核酸的化学组成及一级结构

核酸是以核苷酸为基本组成单位的生物大分子，具有复杂的结构和多种分类，起着生物体携带和传递遗传信息的重要作用。核酸的元素组成有 C、H、O、N、P；核酸可分为：核糖核酸（RNA）和脱氧核糖核酸（DNA）两类。

（一）核酸的分子组成

1.核苷酸是构成核酸的基本组成单位（如图 2-1）

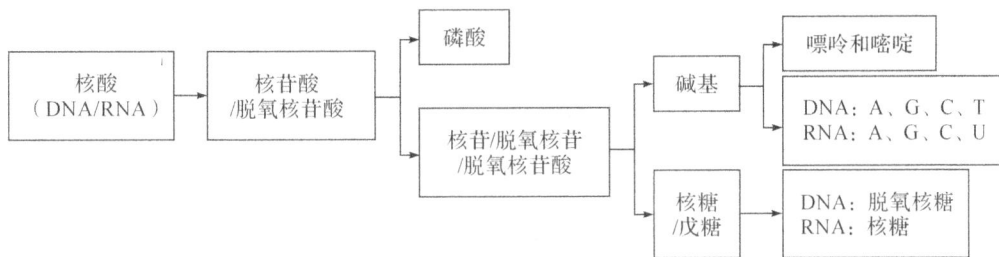

图 2-1　核酸的分子组成

2.各组分之间通过化学键相连接

(1)碱基和核糖之间通过糖苷键相连接，构成核苷。

(2)核苷与磷酸之间通过磷酯键相连接，构成核苷酸。

(3)核苷酸通过 $3',5'$-磷酸二酯键连接形成核酸，DNA、RNA 链均具有 $5'\rightarrow 3'$ 的方向性。

（二）核酸的一级结构是核苷酸的排列顺序

核酸的一级结构也就是 DNA 或 RNA 分子中从 $5'$-端到 $3'$-端的碱基排列序列。

二、DNA 的空间结构与功能

DNA 的一级结构是指从 $5'$-端→$3'$-端的脱氧核糖核苷酸的排列顺序。构成 DNA 的全部原子在三维空间的相对位置关系是 DNA 的空间结构。DNA 的空间结构可分为二级结构和高级结构。

（一）DNA 的二级结构是双螺旋结构

1. DNA 双螺旋结构模型的要点

（1）DNA 是反向平行的双链结构：一条链为 $5'→3'$ 走向，另一条链走向则为 $3'→5'$；呈右手螺旋；双螺旋表面形成的大沟小沟相间排列。

（2）DNA 双链之间形成严格的碱基配对：A＝T，C≡G；碱基位于螺旋内侧；亲水的脱氧核糖和磷酸基骨架位于双链的外侧。

（3）DNA 双螺旋结构的直径为 2.37nm；相邻碱基对之间的距离为 0.34nm；每一周螺旋内含 10.5 个碱基对；螺距为 3.54nm。

（4）碱基堆积力和氢键是维系双螺旋结构稳定的化学作用力，碱基间的氢键维系螺旋横向的稳定，碱基堆积力维系螺旋纵向——主要依靠所产生的疏水性作用力的稳定。

（5）Chargaff 定律：不同生物的碱基组成含量不同；同一生物的碱基组成在不同组织器官中是完全相同的；某一生物其碱基组成是固定不变的；碱基组成含量间具有如下规律：A＝T，G＝C；即 A＋G＝T＋C。

2. DNA 双螺旋的多样性

（1）B 型-DNA：右手螺旋结构，92％相对湿度的典型结构。

（2）A 型-DNA：相对湿度下降后出现。

（3）Z 型-DNA：左手螺旋结构。

（二）DNA 的高级结构是超螺旋结构

（三）DNA 的功能

DNA 是生物遗传的载体。主要以基因的形式携带遗传信息，是生物遗传的物质基础。

三、RNA 的结构与功能

RNA 的一级结构是指从 $5'$-端→$3'$-端的核糖核苷酸的排列顺序。大部分 RNA 常为单链线性分子，而少数 RNA 可通过链内相邻区段的碱基配对形成局部的双链二级结构，二级结构进一步折叠形成三级结构。RNA 只有在具有三级结构时才能成为有活性的分子。RNA 的化学稳定性不如 DNA，但 RNA 较 DNA 而言，具有分子小、种类多、功能多样等特点。

（一）mRNA 是蛋白质合成中的模板

1. 真核生物 mRNA 的 $5'$-端含有帽子结构、$3'$-端具有多聚腺苷酸尾

（1）$5'$-端的帽子结构

①大部分真核细胞 mRNA 的 $5'$-端有一反式的 7-甲基鸟嘌呤-三磷酸核苷（m^7Gppp）这一特殊的帽子结构；原核生物 mRNA 没有此帽子结构。

②mRNA 的 $5'$-端帽子结构与帽结合蛋白结合形成复合体，并在维持 mRNA 的稳定性、促进 mRNA 向细胞质转运等功能中发挥作用。

（2）$3'$-末端的多聚腺苷酸尾（多聚 A 尾、poly A）

①真核生物 mRNA 的 $3'$-端多聚腺苷酸尾是由 80～250 个腺苷酸连接而成的。也可写作 poly A；原核生物 mRNA 没有此多聚 A 尾结构。

②$3'$-poly A 结构和 $5'$-m^7Gppp 结构在稳定 mRNA、mRNA 细胞质转运、翻译起始调控中共同发挥作用。

2.真核生物成熟 mRNA 包括编码区和非编码区,由起始密码子和终止密码子所限定的区域为编码区,含有蛋白质的氨基酸排列顺序。

(二)tRNA 是蛋白质合成中的氨基酸载体

1.tRNA 含有多种稀有碱基,如:双氢尿嘧啶(DHU)、假尿嘧啶核苷(Ψ)和甲基化的嘌呤(m^7G、m^7A)等。

2.tRNA 含有茎环结构(或称发夹结构),tRNA 的二级结构形似三叶草,具有"三环一臂"的结构特点。"三环":DHU 环、TΨC 环、反密码子环;"一臂":位于 $3'$-端-CCA 结构称为氨基酸臂。

3.tRNA 的三级结构是一个倒 L 形状

4.tRNA 的反密码子环内的反密码子与 mRNA 上的密码子通过碱基互补配对原则识别,$3'$-端氨基酸臂连接密码子对应的氨基酸。

(三)以 rRNA 为组分的核糖体是蛋白质合成的场所

rRNA 是细胞内含量最多的 RNA,rRNA 与核糖体蛋白共同构成核糖体,它是蛋白质合成的场所。

四、核酸的理化性质

(一)核酸的一般理化性质

1.核酸为多元酸,具有较强的酸性。DNA 与 RNA 是线性高分子,其溶液的黏滞度极大,DNA 溶液的黏滞度远大于 RNA 溶液。

2.核酸具有强烈的紫外吸收性,在紫外光波 260nm 处有最大吸收峰值。

3.溶液中的核酸分子在引力场中可下沉,是超速离心法提取和纯化核酸的理论基础。

(二)DNA 变性是双链 DNA 解离为单链 DNA 的过程

1.DNA 变性指在某些理化因素作用下,DNA 双螺旋分子中的互补碱基对之间的氢键发生断裂,使 DNA 由双链变为单链的过程。

2.引起 DNA 变性的常见因素有加热、加酸或加碱等。

3.DNA 变性的本质是碱基对之间氢键的破坏,致使 DNA 的空间结构破坏,而磷酸二酯键并未被破坏。因此 DNA 变性时,其一级结构未发生改变。

4.DNA 变性后理化性质的变化

(1)增色效应:DNA 变性时,在解链过程中有更多的包埋在双螺旋结构内部的碱基得以暴露,因此 DNA 变性后的溶液在紫外光波 260nm 处有吸光度增加的现象。

(2)溶液黏度降低:DNA 变性时,由紧密的双螺旋结构分裂成两条松散的 DNA 单链,从而引起溶液黏度降低。

(3)解链温度(Tm 值)是指 50% 的 DNA 双链解离成单链时的温度,也称熔解温度。Tm 值与其 DNA 长短以及碱基的 GC 含量有关。GC 的含量越高,Tm 值越高;离子强度越高,Tm 值也越高。

(三)变性的核酸可以复性或形成杂交双链

1.DNA 复性:部分变性的 DNA 在缓慢去除引起 DNA 变性的条件后,两条解离的互补单链可重新通过碱基配对,恢复为原来的双螺旋结构。

2.退火:热变性的 DNA 经缓慢冷却后可以复性,退火产生减色效应。

3.核酸杂交:不同种类的DNA单链和RNA可通过一定程度的碱基配对,而形成杂化双链。核酸分子杂交是分子生物学常用的实验技术。

练习题

一、单项选择题

1.核酸分子中起储存、传递遗传信息的关键组成部分是　　　　　　　　　　(　　)
　　A.磷酸戊糖　　　　　　　　B.核苷　　　　　　　　C.碱基顺序
　　D.戊糖磷酸骨架　　　　　　E.磷酸

2.核酸的基本组成单位是　　　　　　　　　　　　　　　　　　　　　　(　　)
　　A.核糖和脱氧核糖　　　　　B.磷酸和戊糖　　　　　C.戊糖和碱基
　　D.核苷酸　　　　　　　　　E.核苷

3.连接核苷酸之间的化学键是　　　　　　　　　　　　　　　　　　　　(　　)
　　A.$2',3'$-磷酸二酯键　　　B.$3',5'$-磷酸二酯键　　C.$2',5'$-磷酸二酯键
　　D.$1',5'$-糖苷键　　　　　E.氢键

4.下列关于DNA双螺旋结构模型叙述不正确的是　　　　　　　　　　　(　　)
　　A.两股脱氧核苷酸链呈反向平行
　　B.两股链间存在碱基配对关系
　　C.螺旋每周包含10对碱基
　　D.螺旋的螺距为3.4nm
　　E.DNA形成的均是左手螺旋结构

5.一个DNA分子中若G所占的摩尔比是32.8%,则A的摩尔比应是　　　(　　)
　　A.67.2%　　　　　　　　　B.65.6%　　　　　　　　C.32.8%
　　D.17.2%　　　　　　　　　E.34.4%

6.某DNA的单链中部分碱基序列是$5'$-TAGACTA-$3'$,则其互补链的碱基序列是

　　　　　　　　　　　　　　　　　　　　　　　　　　　　　　　　(　　)
　　A.$5'$-TAGTCTA-$3'$　　　B.$5'$-TAGATCT-$3'$　　C.$5'$-UAGUCUA-$3'$
　　D.$5'$-TAGACTA-$3'$　　　E.$5'$-ATCAGAT-$3'$

7.关于Waston-Crick的DNA双螺旋模型结构的叙述,错误的是　　　　　(　　)
　　A.碱基平面与螺旋轴垂直
　　B.碱基配对发生在嘌呤与嘧啶之间
　　C.疏水作用力和氢键维持结构的稳定
　　D.脱氧核糖和磷酸位于螺旋的内侧
　　E.两股链的走向是反向平行的

8.关于DNA碱基组成的叙述,下列正确的是　　　　　　　　　　　　　(　　)
　　A.不同生物来源的DNA碱基组成情况不同
　　B.同一生物不同组织的DNA碱基组成情况不同
　　C.生物体碱基组成随年龄变化而改变
　　D.腺嘌呤数目始终与胞嘧啶相等

E. A+T 始终等于 G+C

9. DNA 双螺旋结构中,每一螺旋碱基对数目为 10.5 的结构是 （　　）

    A. A-DNA   B. B-DNA   C. D-DNA

    D. Z-DNA   E. G-四链体 DNA

10. 原核生物 DNA 的三级结构可为 （　　）

    A. 倒 L 形   B. 染色体   C. 超螺旋

    D. 三叶草形   E. 发夹结构

11. 含有稀有碱基最多的 RNA 是 （　　）

    A. tRNA   B. rRNA   C. mRNA

    D. snRNA   E. hnRNA

12. 通常不存在于 RNA 中,也不存在于 DNA 中的碱基是 （　　）

    A. 腺嘌呤   B. 黄嘌呤   C. 鸟嘌呤

    D. 胸腺嘧啶   E. 尿嘧啶

13. 有关 RNA 叙述不正确的是 （　　）

    A. mRNA 分子中含有遗传密码

    B. 在蛋白质合成中,tRNA 是氨基酸的载体

    C. 胞浆中有 hnRNA 和 mRNA

    D. hnRNA 是成熟 mRNA 的前体

    E. rRNA 可以组成核蛋白体

14. 大部分真核细胞的 mRNA 的 3′-端都含有的碱基是 （　　）

    A. 多聚 A   B. 多聚 U   C. 多聚 T

    D. 多聚 C   E. 多聚 G

15. 关于真核生物 mRNA 特点的叙述正确的是 （　　）

    A. 含有连续不断的编码区   B. 5′-端连接 poly A   C. 3′-端-CCA

    D. 5′-端有 m^7GpppN   E. 参与核糖体的组成

16. 关于 tRNA 的叙述错误的是 （　　）

    A. 由于不同 tRNA 的 3′-端结构不同,因而能够结合不同的氨基酸

    B. 发夹结构是形成三个环的基础

    C. 三级结构呈倒 L 形

    D. 含有局部双链结构

    E. 含双氢尿嘧啶并形成 DHU 环

17. 关于 rRNA 的叙述错误的是 （　　）

    A. 是生物细胞中含量最多的 RNA

    B. 可与多种蛋白质构成核糖体

    C. 其是细胞内代谢较快的 RNA

    D. 不同的 rRNA 分子大小不同

    E. 原核生物有 3 种 rRNA

18. 既含内含子又含外显子的 RNA 是 （　　）

    A. rRNA   B. mRNA   C. tRNA

    D. hnRNA   E. snRNA

19. DNA 变性是   (   )

    A. DNA 中的磷酸二酯键断裂

    B. 多聚核苷酸链解聚

    C. DNA 分子由超螺旋变成双螺旋

    D. 互补碱基之间氢键断裂

    E. DNA 分子中碱基发生改变

20. DNA 的解链温度是指   (   )

    A. A260 达到最大值的温度

    B. A260 达到最大值的 50% 时的温度

    C. DNA 开始解链时所需要的温度

    D. DNA 完全解链时所需要的温度

    E. A280 达到最大值的 50% 时的温度

21. 下列 DNA 分子中,解链温度(Tm)最高的是   (   )

    A. 腺嘌呤和胸腺嘧啶含量占 20%

    B. 鸟嘌呤和胞嘧啶含量占 30%

    C. 鸟嘌呤和胞嘧啶含量占 20%

    D. 腺嘌呤和胸腺嘧啶含量占 60%

    E. 鸟嘌呤和胞嘧啶含量占 60%

22. DNA 受热变性时,出现的现象是   (   )

    A. 多聚核苷酸链水解成单核苷酸

    B. 在 260nm 波长处的吸收度增加

    C. 碱基对以共价键连接

    D. 溶液黏度增加

    E. 最大光吸收峰波长发生转移

23. 核酸具有强烈紫外吸收性的原因是   (   )

    A. 嘌呤与嘧啶环中有共轭双键

    B. 嘌呤与嘧啶中有氮原子

    C. 嘌呤与嘧啶中有磷酸基

    D. 嘌呤与嘧啶连接于环状核糖上

    E. 亲水性磷酸核糖骨架位于分子外侧

24. 蛋白质和核酸达到最大紫外吸收峰时的波长分别是   (   )

    A. 260nm 和 240nm   B. 280nm 和 240nm   C. 510nm 和 260nm

    D. 240nm 和 510nm   E. 280nm 和 260nm

25. 热变性的 DNA 分子在以下哪种条件下可以复性   (   )

    A. 骤然冷却   B. 缓慢冷却   C. 浓缩

    D. 加入浓的无机盐   E. 稀释

二、填空题

1.核酸可分为_____和_____两大类,在生物细胞中_____主要存在于细胞核,而_____主要存在于细胞质。

2.核酸的组成成分有_____、_____和_____;其中碱基可分为_____和_____两大类。

3.嘌呤碱基主要有_____和_____,嘧啶碱基主要有_____、_____和_____。

4.DNA 双螺旋模型是由_____和_____提出的。该模型指出,DNA 是两条_____向平行的_____手螺旋,螺旋直径为_____nm;每一个螺旋有_____个碱基对;螺距为_____。

5.DNA 分子中,两条链通过配对碱基间的_____相连,碱基间的配对原则是_____对_____、_____对_____。

6.维持 DNA 双螺旋结构横向稳定的化学键主要是_____、纵向稳定的化学键主要是_____。

7.DNA 的三级结构中,闭合双链 DNA 最常见的存在形式是_____。

8.核小体是由_____和_____组成的。

9.细胞中三种主要的 RNA,其中含量最多的是_____,种类最多的是_____,含有稀有碱基最多的是_____。

10.蛋白质的合成场所是_____,又称为_____,它是由_____和_____组成的。

11._____是蛋白质合成的直接模板,真核生物中,其 $5'$-端连接的特殊结构是_____,$3'$-端连接的是_____。

12.tRNA 的二级结构呈_____形,三级结构呈_____形。

13.因为核酸分子的碱基中均含有_____,故使核酸具有强烈的紫外线吸收性,且在波长为_____处达到最大吸收峰。

14.DNA 变性后,黏度_____、紫外线吸收峰_____。

三、名词解释

1.DNA 变性　　　　2.退火　　　　　　3.核小体

4.DNA 增色效应　　5.核糖体　　　　　6.核酸分子杂交

四、简答题

1.比较 DNA 和 RNA 的不同。

2.DNA 双螺旋结构有哪些特点?

3.真核生物中 mRNA 具有什么结构特点?

4.tRNA 具有哪些结构特点?

参考答案

一、单项选择

1. C 2. D 3. B 4. E 5. D 6. A 7. D 8. A 9. B 10. C

11. A 12. B 13. C 14. A 15. D 16. A 17. C 18. D 19. D 20. B

21. A 22. B 23. A 24. E 25. B

二、填空题

1. DNA RNA DNA RNA

2. 磷酸基 (脱氧)核糖 碱基 嘌呤 嘧啶

3. 腺嘌呤(A) 鸟嘌呤(G) 胸腺嘧啶(T) 胞嘧啶(C) 尿嘧啶(U)

4. 沃森(Waston) 克里克(Crick) 反 右 2.37 10.5 3.54nm

5. 氢键 A T C G

6. 氢键 碱基堆积力

7. 负超螺旋

8. DNA 组蛋白

9. rRNA mRNA tRNA

10. 核糖体 核蛋白体 rRNA 核糖体蛋白

11. mRNA 帽子结构(m^7GpppN) 多聚 A 尾(poly A)

12. 三叶草 倒 L

13. 共轭双键 260nm

14. 降低 增高

三、名词解释

1. DNA 变性:在某些理化因素(温度、pH、离子强度等)的作用下,DNA 双链互补碱基对之间的氢键断裂,使双链 DNA 解离为两条单链 DNA,从而导致其理化性质改变和生物学活性丧失,称为 DNA 的变性。

2. 退火:高温导致的 DNA 变性,经去除高温、在缓慢冷却后,两条解离的互补链可重新互补配对,恢复原来的双螺旋结构,这一过程称为退火。

3. 核小体:核小体是染色质的基本组成单位。它是由双链 DNA 和 5 种组蛋白(H1、H2A、H2B、H3 和 H4)共同构成。两个分子的组蛋白 H2A,H2B,H3 和 H4 分子构成一个八聚体的组蛋白核心,长度约 150bp 的 DNA 双链在组蛋白八聚体的表面上盘绕 1.75 圈形成核小体的核心颗粒,核心颗粒之间通过组蛋白 H1 和 DNA 连接形成的串珠状结构称核小体。

4. DNA 增色效应:DNA 解链过程中,由于有更多的共轭双键得以暴露,DNA 在 260nm 的吸光度随之增加,这种现象称为 DNA 的增色效应。它是监测 DNA 的双链是否发生变性的一个最常用指标。

5. 核糖体:由 rRNA 与核糖体蛋白共同构成核糖体,又称为核蛋白体或核糖核蛋白体。核糖体是蛋白质合成的场所,它为蛋白质合成所需要的 mRNA、tRNA 以及多种蛋白因子提供了相互结合、作用的空间环境。

6.核酸分子杂交:同一溶液中不同种类的 DNA 单链和 RNA,只要两种核酸单链之间存在着一定程度的碱基配对关系,单链之间就可能结合形成杂化双链;这种杂化双链可以在不同的 DNA 与 DNA 之间形成,RNA 与 RNA 之间形成,甚至于也可以在 DNA 单链和 RNA 间形成,这种现象称为核酸分子杂交。

四、简答题

1.答:RNA 与 DNA 的不同主要有:

(1)组成 RNA 的核苷酸戊糖是核糖,DNA 中为脱氧核糖;

(2)RNA 中的嘧啶成分为胞嘧啶和尿嘧啶,而不含有胸腺嘧啶,所以构成 RNA 的基本的四种核苷酸是 AMP、GMP、CMP 和 UMP,其中 U 代替了 DNA 中的 T;

(3)RNA 的结构以单链为主,而 DNA 主要为双链形成的右手反向双螺旋结构。

(4)RNA 的主要功能是指导蛋白质的合成,DNA 主要是遗传信息的载体。

2.答:DNA 双螺旋结构的特点主要是:

(1)DNA 是由两条多聚核苷酸链构成的反向平行双螺旋结构。两条链在空间上的走向呈反向平行,一条链的 $5'\rightarrow3'$ 方向从上向下,而另一条链的 $5'\rightarrow3'$ 是从下向上;脱氧核糖基和磷酸基骨架位于双链的外侧,碱基位于内侧,两条链的碱基之间以氢键相接触,A 与 T 通过两个氢键配对,G 与 C 通过三个氢键相配对,碱基平面与中心轴相垂直。

(2)DNA 是一右手螺旋结构。螺旋每旋转一周包含了 10.5 个碱基对,每个碱基的旋转角度为 36°。螺距为 3.54nm,每个碱基平面之间的距离为 0.34nm。DNA 双螺旋分子存在一个大沟和小沟。

(3)DNA 双螺旋结构稳定的维系横向靠两条链之间互补碱基的氢键,纵向则靠碱基平面间的碱基堆积力。

3.答:真核生物成熟的 mRNA 具有的结构特点是:$5'$-末端的帽结构和 $3'$-末端的多聚 A 尾结构。

(1)真核细胞 mRNA 的 $5'$-末端是以 7-甲基鸟嘌呤-三磷酸核苷(m7GpppN)为起始结构,这种结构被称为帽结构。$5'$-帽结构是由鸟苷酸转移酶加到转录后的 mRNA 分子上的,与 mRNA 中所有其他核苷酸呈相反方向,形成了 $5'$-$5'$ 的连接特征,使得 mRNA 不再具有 $5'$-末端的磷酸基团。

(2)真核生物 mRNA 的 $3'$-末端有一段多聚腺苷酸结构,长度为 80 至 250 个腺苷酸,称为多聚 A 尾。多聚 A 尾结构也是在 mRNA 转录完成以后加入的。多聚 A 尾结构在细胞内与 poly(A)结合蛋白结合。也就是说,$3'$-端多聚 A 尾结构和 $5'$-端帽结构共同负责 mRNA 从核内向细胞质的转位、维系 mRNA 的稳定性以及翻译起始的调控。

4.答:tRNA 的结构特点主要是:大约 20% 的 tRNA 的碱基是稀有碱基,例如双氢尿嘧啶,假尿嘧啶核苷等。tRNA 的核苷酸存在着一些能形成互补配对的区域,可以形成局部的双螺旋结构。这些茎环结构使得 tRNA 的二级结构形似三叶草,特点是:(1)含有多种稀有碱基;(2)具有茎环结构,或称为发夹结构;(3)$3'$-端氨基酸臂可携带氨基酸;(4)具有反密码子,能识别 mRNA 的密码子;(5)tRNA 的三级结构形似倒 L 字母。

(梁璇,柳青婷)

第三章 酶

学习要求

1. 掌握:酶的分子组成,酶活性中心;酶促反应动力学:米氏方程、温度、pH、抑制剂。
2. 熟悉:酶促反应的特点;酶的调节方式;酶的分类。
3. 了解:酶的命名;酶与医学的关系。

知识概要

生物体内存在着极为重要的生物催化剂——酶。酶是由活细胞产生的、对其底物具有高度特异性和高效催化作用的一类蛋白质。

一、酶的分子结构与功能

(一)酶的分子组成

1. 根据酶的分子组成不同,可分为单纯酶和结合酶。

(1)单纯酶:是指水解后仅有氨基酸组分,而无其他组分的酶。

(2)结合酶(缀合酶)是指由蛋白质部分和非蛋白质部分共同组成的酶,其中蛋白质部分称为酶蛋白,作用决定反应的特异性及其催化机制(反应谁)。非蛋白质部分称为辅助因子,作用决定反应的性质与类型(如何反应)。

2. 辅助因子按其与酶蛋白结合的紧密程度与作用特点不同可分为辅酶和辅基,多为小分子的有机化合物(B族维生素)或金属离子。

(二)酶的活性中心是指酶分子中能与底物特异地结合并催化底物转变为产物的具有特定三维结构的区域,酶分子执行其催化功能的部位。其组成有辅酶和辅基、必需基团。

(三)同工酶是指催化的化学反应相同,但酶蛋白的分子结构、理化性质乃至免疫学性质不同的一组酶。如乳酸脱氢酶(LDH)有 5 种同工酶,LDH_1 主要分布于心肌细胞,LDH_5 主要分布于肝细胞。

二、酶的工作原理

酶催化的是热力学允许的化学反应;通过降低反应的活化能发挥催化效能;只能加速反应进程,不能改变反应的平衡点。

(一)酶促反应特点

1. 酶对底物具有极高的催化效率
2. 酶对底物具有高度的特异性

(1)即酶的专一性,是由于酶对底物具有严格的选择性。

(2)可分为绝对专一性和相对专一性。

3. 酶的活性与酶量具有可调节性
4. 酶具有不稳定性

(二)酶通过促进底物形成过渡态而提高反应速率

(三)酶与一般催化剂的异同点

三、酶促反应动力学

研究各种因素对酶促反应速度的影响。影响因素包括:底物浓度[S]、酶浓度[E]、温度(T)、pH、抑制剂、激活剂等。

(一)底物浓度([S])对酶促反应速率(V)的影响

1.[S]对 V 的影响呈矩形双曲线关系,有三种情况:

(1)当[S]较低时,随着[S]增加,V 呈正比例增加;

(2)当[S]增高到一定程度时,随[S]增加,V 也相应增加,但不再呈正比例增加;

(3)当[S]足够高时,再增加[S],V 不再增加,酶反应达最大反应速度 V_{max}。

2.米-曼氏方程式揭示单底物反应的动力学特性

(1)米氏方程式:$V = V_{max}[S]/(K_m + [S])$

(2)K_m 为米氏常数,K_m 的意义

①K_m 值为酶促反应速率为最大速率一半时的底物浓度,K_m 值是浓度单位。

②K_m 是酶的特性常数,不同酶的 K_m 值不同,K_m 与酶结构、底物结构、反应 pH、温度等有关,它不是固定不变的;但 K_m 与酶浓度无关。

③K_m 在一定条件下可以反映酶与底物的亲和力。K_m 越大,亲和力越小;K_m 越小,亲和力越大。

(3)最大速率 V_{max} 是酶完全与底物结合饱和时的反应速率。

(4)V_{max} 和 K_m 值的测定最常用林-贝氏作图法。

(二)底物足够时酶浓度对酶促反应速率的影响呈直线关系

(三)温度对酶促反应速率的影响具有双重性

1.最适温度:酶促反应速率达到最大时反应体系的温度。

2.最适温度不是酶的特征性常数,它与反应时间有关。

(四)pH 通过改变酶分子及底物分子的解离状态影响酶促反应速率

(五)抑制剂可降低酶促反应速率

根据抑制剂(I)和酶(E)结合的紧密程度不同,可分为不可逆性抑制和可逆性抑制作用两大类。

1.不可逆性抑制作用:抑制剂与酶活性中心的必需基团通过共价键不可逆性结合,从而使酶活性下降或消失,通过透析或超滤的方法不能除去抑制剂而恢复酶活性。实例:

(1)有机磷农药特异性地与胆碱酯酶结合使其失活;

(2)重金属离子(Hg^{2+}、Ag^+、Pb^{2+} 等)及 As^{3+} 可与巯基酶结合致使其失活。

2.可逆性抑制作用:I 与 E 或 ES 复合物中的必需基团通过非共价键进行可逆性结合,从而使酶活性下降或消失,通过透析或超滤的方法能除去抑制剂而恢复酶活性。

根据抑制作用机理不同可分为:竞争性抑制作用、非竞争性抑制作用和反竞争性抑制作用。

(1)竞争性抑制作用:抑制剂与酶底物的分子结构相似,抑制剂与底物竞争结合酶的活性中心,从而使酶活性下降或消失。抑制程度取决于[I]与[S]的比例,此时 K_m 增加,V_{max}

不变。

实例:磺胺类药的杀菌作用机理,磺胺类药物的分子结构与对氨基苯甲酸相似,能竞争结合二氢蝶酸合酶的活性中心,抑制细菌体内 FH_2 以至于 FH_4 合成,干扰一碳单位代谢,进而干扰核酸合成,使细菌生长受抑制,达到杀菌的作用;丙二酸对琥珀酸脱氢酶的抑制;抗代谢物的抗癌作用等。

(2)非竞争性抑制作用:抑制剂的分子结构与底物不相似,抑制剂与酶或酶底物复合物的酶活性中心外的必需基团结合,不影响底物与酶的结合,从而使酶活性下降或消失。此时, K_m 不变, V_{max} 减小。

(3)反竞争性抑制作用:抑制剂仅与酶底物复合物结合,从而使酶活性下降。此时 K_m 减小, V_{max} 减小。

(六)激活剂可提高酶促反应速率

四、酶的调节

(一)酶活性的调节是对酶促反应速率的快速调节

1.酶的别构调节:体内某些代谢物可与酶活性中心外的某个部位非共价可逆性结合,引起酶分子构象发生改变,从而使酶的催化活性发生改变。

2.酶的化学修饰调节:是通过某些化学基团与酶的共价可逆结合来实现。

(1)指某种化学基团在不同酶的催化下与酶分子可逆的共价结合,从而改变酶的活性。又称为共价修饰。

(2)酶的化学修饰以磷酸化和去磷酸化修饰在代谢调节中最为常见。

3.酶原激活:酶原在特定条件下,被相应的蛋白酶水解掉一个或几个肽段后,余下部分发生空间构象改变,进而形成或暴露酶的活性中心,使无活性的酶原转变成有活性的酶。

(二)酶含量的调节对酶促反应速率的缓慢调节

1.酶蛋白合成可被诱导或阻遏

2.酶的降解与一般蛋白质降解途径相同

练习题

一、单项选择题

1.关于酶的叙述错误的是　　　　　　　　　　　　　　　　　　　(　)

　A.绝大多数酶的化学本质是蛋白质

　B.酶在体内可进行代谢更新

　C.一种酶可催化所有化学反应

　D.酶不能改变反应的平衡点

　E.酶是由活细胞合成的具有催化作用的蛋白质

2.生物体内的酶与一般催化剂的相同点是　　　　　　　　　　　　(　)

　A.增加产物的能量水平

　B.降低反应的自由能变化

　C.降低反应的活化能

　D.降低反应物的能量水平

E. 增加反应的活化能

3. 关于全酶的叙述正确的是　　　　　　　　　　　　　　　( )

    A. 只有全酶才具有催化活性

    B. 一种酶只能与一种辅助因子结合

    C. 辅助因子决定反应的特异性

    D. 酶蛋白决定酶促反应的种类

    E. 酶蛋白与辅助因子单独存在时均有催化活性

4. 有关全酶的辅助因子的叙述错误的是　　　　　　　　　　( )

    A. 金属离子多为辅基

    B. 维生素的衍生物多为辅酶

    C. 辅助因子不参与酶活性中心的形成

    D. 辅酶参与酶促反应

    E. 辅助因子决定酶促反应的种类

5. 辅酶 FAD 中含有的 B 族维生素是　　　　　　　　　　　( )

    A. 维生素 B_1 B. 泛酸   C. 叶酸

    D. 维生素 B_6 E. 维生素 B_2

6. 金属离子作为辅助因子叙述错误的是　　　　　　　　　　( )

    A. 降低反应中的静电斥力

    B. 与稳定酶的分子构象无关

    C. 连接底物与酶的桥梁

    D. 参与组成酶的活性中心

    E. 可使底物与酶活性中心的必需基团形成正确的空间排列

7. 酶活性中心指的是　　　　　　　　　　　　　　　　　　( )

    A. 酶活性中心仅是指能与底物特异性结合的结合基团

    B. 酶活性中心专指能与产物特异性结合的结合基团

    C. 酶活性中心是指能催化底物生成产物的催化基团

    D. 酶活性中心是指催化底物生成产物的局部空间区域

    E. 酶活性中心内、外的必需基团

8. 关于酶活性中心的叙述中正确的是　　　　　　　　　　　( )

    A. 所有酶的活性中心都含有辅酶

    B. 所有酶的活性中心都含有金属离子

    C. 酶的必需基团都位于活性中心内

    D. 所有的抑制剂都作用于酶的活性中心

    E. 所有的酶都有活性中心

9. 促使酶发挥催化作用的酶的必需基团是　　　　　　　　　( )

    A. 维持酶一级结构稳定所必需的基团

    B. 维持酶活性所必需的基团

    C. 维持酶分子空间构象稳定所必需的基团

    D. 酶的亚基结合所必需的基团

　　E. 构成全酶分子所必需的基团

10. 肝中富含的 LDH 同工酶是　　　　　　　　　　　　　　　　　　（　　）

　　A. LDH_1　　　　　　　　B. LDH_2　　　　　　　　C. LDH_3

　　D. LDH_4　　　　　　　　E. LDH_5

11. 关于同工酶叙述正确的是　　　　　　　　　　　　　　　　　　（　　）

　　A. 它们的分子结构相同

　　B. 它们的免疫学性质相同

　　C. 它们的理化性质相同

　　D. 它们催化的化学反应相同

　　E. 它们在各器官的分布相同

12. 关于反应活化能的描述正确的是　　　　　　　　　　　　　　　　（　　）

　　A. 随反应体系温度改变而改变

　　B. 是底物和产物能量水平的差值

　　C. 酶降低反应活化能的程度与一般催化剂相同

　　D. 是底物分子从初态转变到过渡态时所需要的能量

　　E. 需要活化能越大的反应越容易进行

13. 酶的特异性是指　　　　　　　　　　　　　　　　　　　　　　（　　）

　　A. 酶蛋白与辅助因子的结合

　　B. 同工酶催化相同的化学反应

　　C. 酶在组织细胞中的特异定位

　　D. 酶所催化的反应产物相同

　　E. 酶对其所催化底物具有选择性

14. 不属于影响酶促反应速率的因素是　　　　　　　　　　　　　　　（　　）

　　A. 底物种类　　　　　　　B. 底物浓度　　　　　　　　C. 酸碱度

　　D. 温度　　　　　　　　　E. 酶浓度

15. 关于酶与底物关系的描述错误的是　　　　　　　　　　　　　　　（　　）

　　A. 在底物浓度较低时,增加底物浓度,则反应速率增加

　　B. 当所有酶分子的活性中心均被底物饱和时,改变酶的浓度可改变反应速率

　　C. 即使所有酶分子均被底物充分饱和时,增加底物浓度仍可以极大增加反应速率

　　D. 米-曼氏方程双倒数处理作图可测定 V_{max} 和 K_m 值

　　E. 当所有酶分子均被底物充分饱和时的反应速率称为最大反应速率

16. 关于 K_m 值的叙述正确的是　　　　　　　　　　　　　　　　　（　　）

　　A. K_m 值等于反应速率为最大反应速率一半时的底物浓度

　　B. K_m 值与酶的结构无关

　　C. K_m 值与酶所催化的底物无关

　　D. K_m 值不是酶的特征性常数

　　E. K_m 值等于反应速率为最大反应速率一半时的酶浓度

17. 酶 K_m 值的大小所代表的含义是　　　　　　　　　　　　　　　（　　）

　　A. 酶对底物的亲和力　　　B. 最适的酶浓度　　　　　　C. 酶促反应的速度

D. 酶抑制剂的类型　　　　　　E. 酶促反应的温度

18. 已知某酶 K_m 值为 0.05mol/L,欲使其所催化的反应速度达最大反应速度的 80% 时,底物浓度应是多少　　　　　　　　　　　　　　　　　　（　　）

A. 0.04mol/L　　　　　　　　B. 0.05mol/L　　　　　　　C. 0.1mol/L

D. 0.2mol/L　　　　　　　　E. 0.8mol/L

19. 关于反应体系温度对酶活性的影响叙述错误的是　　　　　　　　　（　　）

A. 最适温度不是酶的特性常数

B. 酶的最适温度与反应时加温的时间有关

C. 酶的制剂应在低温下保存

D. 从生物组织中提取活性酶时应在低温下进行

E. 不能通过短时间内大幅提高反应温度来提高反应速率

20. 丙二酸对琥珀酸脱氢酶的抑制作用属于　　　　　　　　　　　　　（　　）

A. 竞争性抑制　　　　　　　　B. 非竞争性抑制　　　　　　C. 反竞争性抑制

D. 不可逆抑制　　　　　　　　E. 以上均不是

21. 关于 pH 对酶促反应速率的影响叙述错误的是　　　　　　　　　　（　　）

A. 环境 pH 影响酶、底物或辅助因子的解离状况,从而影响酶促反应速率

B. 酶与底物反应时间越长,该酶的最适 pH 值可改变

C. 最适 pH 不是酶的特性常数

D. 过高或过低的 pH 可使酶发生变性

E. 最适 pH 是酶促反应速率达到最大速率的一半时的环境 pH

22. 非竞争性抑制剂对酶促反应速率的影响是　　　　　　　　　　　　（　　）

A. K_m 升高,V_{max} 不变　　　B. K_m 降低,V_{max} 降低　　C. K_m 不变,V_{max} 降低

D. K_m 降低,V_{max} 升高　　　E. K_m 降低,V_{max} 不变

23. 竞争性抑制剂对酶促反应速率的影响是　　　　　　　　　　　　　（　　）

A. K_m 升高,V_{max} 不变　　　B. K_m 降低,V_{max} 降低　　C. K_m 不变,V_{max} 降低

D. K_m 降低,V_{max} 升高　　　E. K_m 降低,V_{max} 不变

24. 关于反竞争性抑制剂的叙述正确的是　　　　　　　　　　　　　　（　　）

A. 苯丙氨酸对胎盘型碱性磷酸酶的抑制作用不属于反竞争性抑制作用

B. 抑制剂既与酶结合,又与酶-底物复合体结合

C. 抑制剂只与底物结合

D. 抑制剂只与酶结合

E. 抑制剂只与酶-底物复合物结合

25. 有关竞争性抑制剂的叙述正确的是　　　　　　　　　　　　　　　（　　）

A. 抑制剂在结构上与底物结构不相似

B. 抑制剂与酶的结合是不可逆的

C. 磺胺类药物与 FH_4 的化学结构相似,从而发挥抑菌作用

D. 抑制剂与酶非共价结合

E. 抑制程度只与抑制剂的浓度有关,而与底物浓度无关

26.有关非竞争性抑制剂的叙述正确的是　　　　　　　　　　　　（　　）

　　A.不改变酶促反应的最大速率

　　B.抑制剂与酶结合后,不影响酶与底物的结合

　　C.酶与底物、抑制剂可同时结合,但不影响其释放出产物

　　D.抑制剂与酶的活性中心结合

　　E.K_m 值改变

27.敌敌畏可抑制的酶是　　　　　　　　　　　　　　　　　　（　　）

　　A.胆碱酯酶　　　　　　　　B.碳酸酐酶　　　　　　　C.己糖激酶

　　D.丙酮酸脱氢酶　　　　　　E.含巯基的酶

28.乐果对胆碱酯酶的抑制作用属于　　　　　　　　　　　　　（　　）

　　A.可逆性抑制作用　　　　　B.竞争性抑制作用　　　　C.非竞争性抑制作用

　　D.反竞争性抑制作用　　　　E.不可逆性抑制作用

29.属于竞争性抑制作用的是　　　　　　　　　　　　　　　　（　　）

　　A.磺胺类药物对细菌二氢蝶酸合酶的抑制作用

　　B.Pb^{2+} 对羟基酶的抑制作用

　　C.砷化物对巯基酶的抑制作用

　　D.氰化物对细胞色素氧化酶的抑制作用

　　E.敌百虫对胆碱酯酶的抑制作用

30.关于酶原的激活机制说法正确的是　　　　　　　　　　　　（　　）

　　A.分子内形成或暴露酶活性中心

　　B.通过别构调节

　　C.通过化学修饰

　　D.分子内部次级键断裂

　　E.酶蛋白与辅助因子结合

31.关于酶原与酶原激活的叙述正确的是　　　　　　　　　　　（　　）

　　A.体内所有的酶在初合成时均以酶原的形式存在

　　B.酶原的激活是酶的共价修饰过程

　　C.酶原的激活过程也就是酶被完全水解的过程

　　D.酶原激活过程的实质是酶的活性中心形成或暴露的过程

　　E.有些酶以酶原形式存在,其激活没有任何生理意义

32.关于别构调节叙述正确的是　　　　　　　　　　　　　　　（　　）

　　A.所有别构酶都有一个调节亚基,一个催化亚基

　　B.别构酶的动力学特点是酶促反应与底物浓度的关系呈 S 形

　　C.别构激活剂使别构酶的 S 形曲线右移

　　D.别构抑制剂使别构酶的 S 形曲线左移

　　E.别构激活和酶被离子、激动剂激活的机制相同

33.对酶促化学修饰调节特点叙述错误的是　　　　　　　　　　（　　）

　　A.这类酶大都具有无活性和有活性形式

　　B.这种调节是由酶催化引起的共价键变化

    C.这种调节是酶促反应,故有放大效应

    D.酶促化学修饰调节速度较慢,难以应急

    E.磷酸化与脱磷酸是常见的化学修饰方式

二、填空题

1.根据酶的组成成分,可将酶分为_____和_____。

2.下列辅酶中所含的维生素是:TPP_____,FMN_____,NAD^+_____,CoA_____,FH_4_____,磷酸吡哆醛_____。

3.酶促反应的特点具有_____、_____、_____和_____。

4.K_m的计算公式是_____。

5.影响酶促反应的主要因素有:_____、_____、_____、_____、_____、_____。

6.K_m值在一定条件下可表示酶与底物的亲和力,K_m值愈小表示酶与底物的亲和力愈_____,K_m值愈大表示酶与底物的亲和力愈_____。

7.酶的快速调节包括_____、_____和_____。

8.丙二酸对琥珀酸脱氢酶的抑制作用可使V_{max}_____,K_m值_____。

9.磺胺药能抑菌是因为抑制了细菌体内的酶_____,"竞争对象"是_____。

10.非竞争性抑制剂发挥作用时,酶促反应动力学参数的变化为 K_m_____,V_{max}_____。

三、名词解释

1.酶的活性中心   2.同工酶   3.K_m

4.最适温度   5.不可逆性抑制作用   6.酶的竞争性抑制作用

7.变构调节   8.化学修饰调节   9.酶原的激活

四、简答题

1.什么是酶的K_m值?K_m有何意义?

2.反应体系温度对酶促反应速率有何影响?其有什么实际应用?

3.比较三种可逆性抑制作用各有何特点。

参考答案

一、单项选择题

1.C 2.C 3.A 4.C 5.E 6.B 7.D 8.E 9.B 10.E

11.D 12.D 13.E 14.A 15.C 16.A 17.A 18.D 19.E 20.A

21.E 22.C 23.A 24.E 25.D 26.B 27.A 28.E 29.A 30.A

31.D 32.B 33.D

二、填空题

1.单纯酶 结合酶

2.$VitB_1$ $VitB_2$ VitPP 泛酸 叶酸 $VitB_6$

3.高效性 专一性(特异性) 可调节性 不稳定性

4.$V=V_m[S]/(K_m+[S])$

5.底物浓度[S]　pH　温度　抑制剂　激活剂　酶浓度[E]

6.大　小

7.别构调节(变构调节)　化学修饰调节(共价修饰调节)　酶原激活

8.不变　增大

9.二氢蝶酸合酶　对氨基苯甲酸

10.不变　降低

三、名词解释

1.酶的活性中心:酶分子中能与底物结合并催化底物转变为产物的特定空间结构区域称为酶的活性中心。酶活性中心内的必需基团有两种:一是结合基团,其作用是与底物相结合,使底物与酶的一定构象形成复合物;二是催化基团,它的作用是影响底物中某些化学键的稳定性,催化底物发生化学反应并将其转变成产物。对结合酶来说,辅酶或辅基参与酶活性中心的组成。

2.同工酶:催化相同的化学反应,但酶的分子结构、理化性质乃至免疫学性质不同的一组酶。同工酶在人体组织细胞的分布不同,如:乳酸脱氢酶的5种同工酶。

3.K_m:是酶的特征性常数,是指当酶促反应速度达到最大反应速度一半时的底物浓度。在一定条件下可反映酶与底物的亲和力。

4.最适温度:反应体系温度对酶促反应速率具有双重影响。升高温度,可加快酶促反应速率,但过高温度也可增加酶变性的机会,使得酶促反应速率降低。将酶促反应速率达到最大时的环境温度称为酶促反应的最适温度。

5.不可逆性抑制作用:抑制剂通常与酶活性中心上的必需基团通过共价键结合,使酶失去活性,称为不可逆性抑制作用。这类抑制剂不能用透析、超滤等方法去除。只能用特异的药物去除抑制作用。砷化物、重金属离子、有机磷农药等属于不可逆性抑制剂。

6.酶的竞争性抑制作用:抑制剂与酶底物的分子结构相似,两者相互竞争结合酶的活性中心,从而使酶活性下降或消失。其抑制作用的强弱取决于[I]与[S]的比例,前者大,抑制作用强;后者大,抑制作用弱。竞争性抑制时,V_{max}不变,K_m增加。如磺胺类、抗肿瘤等药物的作用机理。

7.变构调节:体内某些代谢物可与酶活性中心外的某个部位非共价可逆性结合,引起酶分子构象发生改变,从而使酶的催化活性发生改变,这种调节方式称之为酶的别构调节,也称为变构调节。

8.化学修饰调节:体内酶蛋白多肽链上的某些化学基团在其它酶的催化下,与另一些化学基团发生共价结合,同时又可在另一种酶的催化下,去掉已结合的化学基团,从而酶分子构象改变,酶的催化活性也发生改变,这种调节方式称为酶的化学修饰调节或共价修饰调节。

9.酶原的激活:有些酶在细胞内合成或初分泌时只是酶的无活性前体,必须在一定条件下,这些酶的前体水解一个或多个特定的肽键,致构象发生改变,表现出酶的活性。这种无活性酶的前体称为酶原。酶原激活是指在一定条件下,无催化活性的酶原向有催化活性的酶的转变过程。酶原激活的实质是酶的活性中心形成或暴露的过程。

四、简答题

1. 答:酶的 K_m 值是指当酶促反应速度达到最大反应速度一半时的底物浓度。它是酶的特征性常数;不同酶的 K_m 值不同。K_m 与酶结构、底物结构、反应 pH、温度等有关,它不是固定不变的;但 K_m 与酶浓度无关。在一定条件下可表示酶与底物的亲和力。可用于计算酶的转换常数。

2. 答:酶是生物体内极为重要的催化剂,其化学本质是蛋白质。温度对酶促反应速率具有双重影响:(1)升高温度可加快酶促反应速率;(2)过高的温度可增加酶变性的机会,又使酶促反应速率降低。

温度升高到 60℃ 以上时,大多数酶开始变性;80℃ 时,多数酶的变性已不可逆。综合这两种因素,酶促反应速率最快时的环境温度为酶促反应的最适温度。在环境温度低于最适温度时,温度加快反应速率这一效应起主导作用,温度每升高 10℃,反应速率可加大 1~2 倍。温度高于最适温度时,反应速率则因酶变性而降低。

实际运用:临床上低温麻醉就是利用酶的这一性质,采用低温环境达到减慢组织细胞代谢速率,提高机体对氧和营养物质缺乏的耐受性,利于手术治疗的目的。低温保存生物制品和菌种也是基于这一原理。生化实验中测定酶的活性时,应严格控制反应液的温度。酶制剂应保存在冰箱中,从冰箱中取出后应立即应用,以免因酶的变性而影响测定结果。

3. 答:(1)竞争性抑制:抑制剂的结构与底物结构相似,共同竞争酶的活性中心。抑制作用大小与抑制剂和底物的浓度以及酶对它们的亲和力有关。K_m 升高,V_{max} 不变。

(2)非竞争性抑制:抑制剂与底物结构不相似或完全不同,只与酶活性中心以外的必需基团结合。不影响酶在结合抑制剂后再与底物的结合。该抑制作用的强弱只与抑制剂的浓度有关。K_m 不变,V_{max} 下降。

(3)反竞争性抑制:抑制剂只与酶-底物复合物(ES)结合,生成的复合物不能解离出反应的产物。K_m 和 V_{max} 均下降。

(梁璇,柳青婷)

第四章　维生素

学习要求

1.掌握:各种维生素的名称,活性形式,主要来源,生理功能,相应缺乏症。

2.熟悉:维生素在体内的作用机制大多是作为酶的辅酶组成发挥作用,参与体内的代谢反应。

3.了解:维生素在体内发挥作用的生化机制及其在临床医学中的重要性。

知识概要

一、维生素的概念

维生素是机体维持正常生长发育和代谢所必需,但在体内不能合成,或合成量很少,必须由食物供给的一组低分子量有机化合物,是人体的重要营养素之一。

二、维生素的分类、功能与缺乏症

(一)脂溶性维生素

1.分类:分为维生素 A、维生素 D、维生素 E 和维生素 K。

2.共同特点

(1)均为疏水性化合物,易溶于脂类和有机溶剂,常随脂类物质被吸收;

(2)在血液中与脂蛋白或特异性结合蛋白结合而运输,不易被排泄,在体内主要储存于肝,故不需每日供给;

(3)不同种类脂溶性维生素执行不同的生物化学与生理功能;

(4)脂类吸收障碍和食物中长期缺乏此类维生素可引起相应的缺乏症,摄入过多则可发生中毒。

3.生理功能和缺乏症(详见表 4-1)

表 4-1　脂溶性维生素的活性形式、生理功能及缺乏症

名称	活性形式	生理功能	缺乏症
维生素 A	视黄醛、视黄醇、视黄酸	1.参与视觉传导 2.调控基因表达和细胞生长与分化 3.抗氧化 4.抑制肿瘤生长	夜盲症、干眼病
维生素 D	1,25-二羟维生素 D_3	1.调节钙磷代谢 2.影响细胞分化	佝偻病(儿童)、软骨病(成人)

续表

名称	活性形式	生理功能	缺乏症
维生素 E	生育酚、生育三烯酚	1. 脂溶性抗氧化剂 2. 维持胎盘的完整性,临床用于治疗先兆性流产和习惯性流产 3. 参与调节相关基因的表达 4. 促进血红素合成	轻度溶血(新生儿、早产儿)
维生素 K	2-甲基-1,4-萘醌	1. 凝血因子合成所必需的辅酶 2. 对骨代谢具有重要作用	易出血

(二)水溶性维生素

1. 分类:分为 B 族维生素(B_1、B_2、PP、B_6、B_{12}、生物素、泛酸、叶酸、硫辛酸)和维生素 C。

2. 共同特点

(1)在体内主要构成酶的辅助因子,直接影响酶的活性。

(2)依赖食物提供,体内过剩的水溶性维生素可随尿排出,很少蓄积。

(3)一般无中毒,但供给不足时可导致缺乏症。

3. 生理功能和缺乏症(详见表 4-2)

表 4-2　水溶性维生素的活性形式、生理功能及缺乏症

名称	活性形式	生理功能	缺乏症
维生素 B_1 (硫胺素)	TPP	1. TPP 是 α-酮酸氧化脱羧酶、转酮酶的辅酶 2. 在神经传导中起一定作用 3. 胆碱酯酶抑制剂	脚气病、食欲不振、消化不良
维生素 B_2 (核黄素)	FMN、FAD	1. 为氧化还原酶的辅基,发挥递氢体的作用 2. 参与烟酸和维生素 B_6 的代谢 3. 作为谷胱甘肽还原酶的辅酶,参与体内抗氧化防御系统	口角炎、舌炎、唇炎、阴囊炎
维生素 PP (烟酸、烟酰胺)	NAD^+、$NADPH+H^+$	1. 为多种不需氧脱氢酶的辅酶,发挥递氢体的作用	癞皮病
泛酸(遍多酸)	CoA、ACP	1. 为酰基转移酶的辅酶	易疲劳、胃肠功能障碍、肢神经痛综合征
生物素		1. 为羧化酶(丙酮酸羧化酶、乙酰 CoA 羧化酶等)的辅基,参与 CO_2 固定 2. 参与细胞信号转导、基因表达调控、DNA 损伤修复等	很少出现缺乏症

续表

名称	活性形式	生理功能	缺乏症
维生素 B$_6$	磷酸吡哆醛、磷酸吡哆胺	1.为转氨酶、羧化酶等多种酶的辅酶 2.可终止类固醇激素作用的发挥	低血色素小细胞性贫血、脂溢性皮炎
叶酸	四氢叶酸	1.一碳单位转移酶的辅酶,参与嘌呤、胸腺嘧啶核苷酸等多种物质的合成	巨幼红细胞性贫血、高同型半胱氨酸血症、胎儿脊柱裂和神经管缺陷(孕妇缺乏)
维生素 B$_{12}$	甲钴胺素、5′-脱氧腺苷钴胺素	1.转甲基酶(甲硫氨酸合成酶)的辅酶,催化同型半胱氨酸甲基化生成甲硫氨酸 2.L-甲基丙二酰 CoA 变位酶的辅酶,催化琥珀酰 CoA 的生成	巨幼红细胞性贫血、高同型半胱氨酸血症、髓鞘质变性退化
硫辛酸	硫辛酸	1.为硫辛酸乙酰转移酶的辅酶	很少出现缺乏症
维生素 C	L-抗坏血酸	1.参与体内多种羟化反应 2.作为抗氧化剂直接参与体内氧化还原反应 3.增强机体免疫力	坏血病、胆固醇增多

练习题

一、单项选择题

1.下列关于维生素的叙述正确的是　　　　　　　　　　　　　　　　　（　　）

　A.维生素在体内不能合成或合成量很少,必须由食物供给

　B.维生素都参与了辅酶或辅基的组成

　C.维生素是一组高分子量有机化合物

　D.维生素是人类必需的营养素,需要量大

　E.引起维生素缺乏的唯一原因是摄入量不足

2.下列有关脂溶性维生素叙述正确的是　　　　　　　　　　　　　　　（　　）

　A.体内不能储存,多余者都由尿排出

　B.是一类需要量很大的营养素

　C.储存于肝,不需每日供给

　D.都是构成辅酶的成分

　E.脂类吸收障碍不会引起缺乏症

3.不属于 B 族维生素的是　　　　　　　　　　　　　　　　　　　　　（　　）

　A.叶酸　　　　　　　　　B.泛酸　　　　　　　　　C.抗坏血酸

　　　　D. 生物素　　　　　　　　　E. 硫胺素

　4. 具有促进视觉细胞内感光物质合成与再生的维生素是　　　　　　　　　（　　）

　　　　A. 维生素 A　　　　　　　　B. 维生素 B_1　　　　　　C. 维生素 D

　　　　D. 维生素 PP　　　　　　　E. 维生素 C

　5. 与凝血酶原生成有关的维生素是　　　　　　　　　　　　　　　　　　（　　）

　　　　A. 维生素 A　　　　　　　　B. 维生素 E　　　　　　　C. 维生素 K

　　　　D. 维生素 PP　　　　　　　E. 维生素 C

　6. 脚气病是由于缺乏哪种维生素所引起的　　　　　　　　　　　　　　　（　　）

　　　　A. 维生素 B_1　　　　　　　B. 维生素 B_2　　　　　　C. 维生素 B_6

　　　　D. 维生素 B_{12}　　　　　　E. 维生素 C

　7. 哪种维生素是一种重要的天然抗氧化剂,可以预防衰老　　　　　　　　（　　）

　　　　A. 维生素 A　　　　　　　　B. 维生素 D　　　　　　　C. 维生素 E

　　　　D. 维生素 K　　　　　　　　E. 维生素 B_1

　8. 缺乏哪种维生素会引起口角炎　　　　　　　　　　　　　　　　　　　（　　）

　　　　A. 维生素 A　　　　　　　　B. 维生素 B_2　　　　　　C. 维生素 B_1

　　　　D. 维生素 C　　　　　　　　E. 维生素 K

　9. 夜盲症是由于缺乏　　　　　　　　　　　　　　　　　　　　　　　　（　　）

　　　　A. 维生素 A　　　　　　　　B. 维生素 C　　　　　　　C. 维生素 E

　　　　D. 维生素 K　　　　　　　　E. 维生素 D

　10. 可防治癞皮病的维生素是　　　　　　　　　　　　　　　　　　　　（　　）

　　　　A. 视黄醇　　　　　　　　　B. 核黄素　　　　　　　　C. 吡哆醛

　　　　D. 烟酰胺　　　　　　　　　E. 生物素

　11. 小儿经常晒太阳可以预防哪一种维生素缺乏　　　　　　　　　　　　（　　）

　　　　A. 维生素 C　　　　　　　　B. 维生素 D　　　　　　　C. 维生素 E

　　　　D. 维生素 K　　　　　　　　E. 维生素 A

　12. 缺乏维生素 B_{12} 时,可引起下列哪种疾病　　　　　　　　　　　　（　　）

　　　　A. 巨幼红细胞性贫血　　　　B. 癞皮病　　　　　　　　C. 坏血病

　　　　D. 佝偻病　　　　　　　　　E. 脚气病

　13. 维生素 B_1 缺乏时出现的消化道蠕动慢,消化液比较少,食欲缺乏等症状,原因是

　　　　　　　　　　　　　　　　　　　　　　　　　　　　　　　　　　（　　）

　　　　A. 维生素 B_1 能促进胰蛋白酶的活性

　　　　B. 维生素 B_1 能促进胃蛋白酶的活性

　　　　C. 维生素 B_1 能抑制胆碱酯酶的活性

　　　　D. 维生素 B_1 能抑制乙酰胆碱的活性

　　　　E. 维生素 B_1 能促进胃蛋白酶原的活性

　14. 辅助治疗小儿惊厥和妊娠呕吐选用下列哪种维生素　　　　　　　　（　　）

　　　　A. 维生素 B_1　　　　　　　B. 维生素 B_2　　　　　　C. 维生素 B_6

　　　　D. 维生素 B_{12}　　　　　　E. 维生素 C

15. 有关维生素 C 功能叙述哪项是错误的 　　　　　　　　　　　　　　(　)

　　A. 与胶原合成过程中的羟化步骤有关

　　B. 保护含有巯基的酶处于还原状态

　　C. 维生素 C 缺乏易引起坏血病

　　D. 促进铁的吸收

　　E. 在动物性食品中大量存在

16. 关于维生素 PP 叙述正确的是 　　　　　　　　　　　　　　　　　(　)

　　A. 以玉米为主食的地区很少发生缺乏病

　　B. 在体内由酪氨酸转变而来

　　C. 本身就是一种酶或辅酶

　　D. 缺乏时引起脚气病

　　E. 与异烟肼的结构相似,二者有拮抗作用,长期服用可能引起维生素 PP 缺乏

17. 下列哪种辅酶不是维生素 　　　　　　　　　　　　　　　　　　(　)

　　A. FAD　　　　　　　　　B. CoA　　　　　　　　　C. CoQ

　　D. NAD^+　　　　　　　　E. FMN

18. 含有金属元素的维生素是 　　　　　　　　　　　　　　　　　　(　)

　　A. 叶酸　　　　　　　　　B. 维生素 B_1　　　　　　　C. 维生素 B_2

　　D. 维生素 B_6　　　　　　E. 维生素 B_{12}

19. 含有硫胺素的辅酶或辅基是 　　　　　　　　　　　　　　　　　(　)

　　A. 硫辛酸　　　　　　　　B. NAD^+　　　　　　　　C. NADP

　　D. FMN　　　　　　　　　E. TPP

20. 下列哪种物质属于维生素 D 原 　　　　　　　　　　　　　　　　(　)

　　A. 胆钙化醇　　　　　　　B. 谷固醇　　　　　　　　C. 7-脱氢胆固醇

　　D. 25-羟胆钙化醇　　　　　E. 24,25-羟胆钙化醇

21. 维生素 B_6 的活性形式是 　　　　　　　　　　　　　　　　　　(　)

　　A. 磷酸吡哆醛　　　　　　B. NAD^+　　　　　　　　C. CoA

　　D. FH_4　　　　　　　　　E. TPP

22. 维生素 B_2 的活性形式是 　　　　　　　　　　　　　　　　　　(　)

　　A. TPP　　　　　　　　　B. $NADP^+$　　　　　　　C. FMN 和 FAD

　　D. FH_4　　　　　　　　　E. 吡哆醛

23. 维生素 PP 的活性形式是 　　　　　　　　　　　　　　　　　　(　)

　　A. CoA　　　　　　　　　B. NAD^+ 和 $NADP^+$　　　C. 磷酸吡哆醛

　　D. FH_4　　　　　　　　　E. TPP

二、填空题

1. 脂溶性维生素包括_____、_____、_____、_____。

2. 佝偻病、成人软骨病是由于缺乏_____而引起的。

3. TPP 中含有的维生素是_____,辅酶 A 中含有的维生素是_____。

4. 参与构成辅酶 FAD、FMN 的维生素是_____。

5.参与构成辅酶 NAD^+、$NADP^+$ 的维生素是_____。

6.参与构成辅酶 A 的维生素是_____。

7.缺乏叶酸会引起 _____。

8.缺乏维生素 B_{12} 时,可引起 _____。

9.维生素 D 的活性形式是_____。

10.维生素 A 的活性形式是_____、_____、_____。

三、名词解释

1.脂溶性维生素　　2.水溶性维生素　　3.视循环　　4.维生素 A 原

四、问答题

1.什么是维生素?分为哪几类?引起维生素缺乏的常见原因有哪些?

2.试述 B 族维生素的生理功能及缺乏症。

参考答案

一、单项选择题

1.A　2.C　3.C　4.A　5.C　6.A　7.C　8.B　9.A　10.D

11.B　12.A　13.C　14.C　15.E　16.E　17.C　18.E　19.E　20.C

21.A　22.C　23.B

二、填空题

1.维生素 A　维生素 D　维生素 E　维生素 K

2.维生素 B_1

3.维生素 B_1　泛酸

4.维生素 B_2

5.维生素 PP

6.泛酸

7.巨幼红细胞性贫血症

8.巨幼红细胞性贫血症

9.1,25-$(OH)_2$-D_3

10.视黄醇　视黄醛　视黄酸

三、名词解释

1.脂溶性维生素是疏水性化合物,包括维生素 A、D、E、K,可溶于脂类及有机溶剂,而不溶于水,称为脂溶性维生素。

2.水溶性维生素包括 B 族维生素及维生素 C,它们在结构上与脂溶性维生素不同,可溶于水,不溶于脂类溶剂,称为水溶性维生素。

3.视循环:当视紫红质感光时,11-顺视黄醛迅速地光异构为全反式视黄醛,并引起视蛋白发生变构。视蛋白是 G 蛋白偶联跨膜受体,通过一系列反应产生视觉神经冲动。此后,视紫红质被水解,全反式视黄醛和视蛋白分离,从而构成视循环。

4.维生素 A 原:植物中虽不含维生素 A,但黄绿色植物如胡萝卜、玉米、菠菜、辣椒中含有胡萝卜素,被肠黏膜吸收后,在小肠壁和肝脏中可转变成维生素 A,因此称胡萝卜素为维生素 A 原。

四、问答题

1.(1)维生素是维持机体正常功能所必需的营养素,人体内不能合成或合成量很少,必须由食物供给的一组低分子有机化合物。

(2)维生素种类很多,化学结构差异极大。一般按其溶解性分为脂溶性维生素和水溶性维生素两大类。脂溶性维生素包括:维生素 A,维生素 D,维生素 E,维生素 K 等。水溶性维生素包括:B 族维生素和维生素 C 等。

(3)引起维生素缺乏的常见原因有:供给机体的维生素不足;机体对维生素吸收障碍;机体对维生素的需要量增加;长期服用某些药物而造成机肠道菌群平衡失调;食物储存或烹调方法不当可造成维生素大量破坏或丢失。

2.维生素 B_1 参与构成的辅酶是 TPP,是 α-酮酸氧化脱羧酶的辅酶,也是转酮酶的辅酶,体内缺乏引起脚气病、末梢神经炎等;维生素 B_2 参与构成的辅酶是 FMN 和 FAD,是体内氧化还原酶的辅酶,体内缺乏引起口角炎、舌炎、唇炎、阴囊炎等;泛酸参与构成的辅酶是 CoA 和 ACP,是酰基转移酶的辅酶,体内缺乏引起易疲劳、胃肠功能障碍、肢神经痛综合征等;维生素 PP 参与构成的辅酶是 NAD^+ 和 $NADP^+$,是体内多种不需氧脱氢酶的辅酶,体内缺乏引起癞皮病等;维生素 B_6 参与构成的辅酶是磷酸吡哆醛和磷酸吡哆胺,体内缺乏引起低血色素小细胞性贫血、脂溢性皮炎等;生物素是丙酮酸羧化酶、乙酰 CoA 羧化酶等羧化酶的辅基,人类未发现缺乏症;叶酸的活性形式四氢叶酸(FH_4)是体内一碳单位转移酶的辅酶,体内缺乏引起巨幼红细胞性贫血、高同型半胱氨酸血症等;维生素 B_{12} 的活性形式甲钴胺素、5′-脱氧腺苷钴胺素,是体内一碳单位转移酶的辅酶甲硫氨酸合成酶的辅酶,体内缺乏引起巨幼红细胞性贫血、高同型半胱氨酸血症等;硫辛酸,是硫辛酸乙酰转移酶的辅酶,人类未发现缺乏症。

（范戎）

第五章 糖代谢

学习要求

1.掌握:糖的无氧分解和有氧氧化的过程、催化各步反应的酶尤其是关键酶、主要的调节因素及生理意义;三羧酸循环的概念、反应过程及其生理意义。

2.熟悉:糖原合成与分解、糖异生的途径及关键酶。

3.了解:血糖水平的调节及其异常;磷酸戊糖途径的关键酶、调节及其意义;糖的生理功能、消化吸收过程及氧化供能形式。

知识概要

糖是自然界一类重要的有机物,主要生理功能是为人体的生命活动提供能源和碳源,也是组织和细胞结构的重要组成成分。糖代谢主要指葡萄糖在体内的复杂代谢过程,包括分解代谢和合成代谢。其分解代谢途径主要包括糖的无氧氧化、糖的有氧氧化及磷酸戊糖途径等。

一、糖的无氧氧化

糖的无氧氧化是指一分子葡萄糖经糖酵解反应裂解为两分子丙酮酸,在不能利用氧或氧供应不足时,丙酮酸进一步还原生成乳酸,并生成少量能量 ATP。整个反应过程在胞质中进行。

(一)糖无氧氧化的过程

反应过程分两个阶段。

1.糖酵解:葡萄糖分解为两分子丙酮酸

(1)葡萄糖磷酸化为葡萄糖-6-磷酸,该反应不可逆,是糖酵解的第一个限速步骤,催化该反应的酶为己糖激酶。消耗 1 分子 ATP。

(2)葡萄糖-6-磷酸转变为果糖-6-磷酸,该反应可逆反应,催化该反应的酶为磷酸己糖异构酶。

(3)果糖-6-磷酸转变为果糖-1,6-二磷酸,该反应不可逆,是糖酵解的第二个限速步骤,催化该反应的酶为 6-磷酸果糖激酶-1。消耗 1 分子 ATP。

(4)果糖-1,6-二磷酸裂解为两分子磷酸丙糖,该反应可逆反应,催化该反应的酶为醛缩酶,产物为 3-磷酸甘油醛和磷酸二羟丙酮。

(5)磷酸二羟丙酮转变为 3-磷酸甘油醛,该反应可逆反应,催化该反应的酶为磷酸丙酮异构酶。

(6)3-磷酸甘油醛转变为 1,3-二磷酸甘油酸,该反应可逆反应,催化该反应的酶为 3-磷酸甘油醛脱氢酶。

(7)1,3-二磷酸甘油酸转变为 3-磷酸甘油酸,该反应可逆反应,催化该反应的酶为磷酸甘油激酶。该步骤产生 ATP,是糖酵解过程中第一次产生 ATP 的反应。该反应为糖酵解的第一个底物水平磷酸化反应生成 2 分子 ATP。

(8)3-磷酸甘油酸转变为 2-磷酸甘油酸,该反应可逆反应,催化该反应的酶为磷酸甘油酸变位酶。

(9)2-磷酸甘油酸转变为磷酸烯醇式丙酮酸(PEP),该反应可逆反应,催化该反应的酶为烯醇化酶。

(10)磷酸烯醇式丙酮酸(PEP)转变为丙酮酸,该反应不可逆,是糖酵解的第三个限速步骤,催化该反应的酶为丙酮酸激酶。该反应为糖酵解的第一个底物水平磷酸化反应,产生 2 分子 ATP。

2.丙酮酸还原成乳酸

丙酮酸在乳酸脱氢酶催化下加氢还原为乳酸。

(二)关键酶

6-磷酸果糖激酶-1,丙酮酸激酶和己糖激酶。

(三)产能

1 分子葡萄糖经无氧氧化彻底分解产生 2 分子 ATP。

(四)糖无氧氧化的生理意义

1.是机体在缺氧情况下获取能量的有效方式,例如机体缺氧或剧烈运动肌局部血流不足时,能量主要通过糖无氧氧化获得。

2.是某些细胞在氧供应正常情况下的重要供能途径,如表皮细胞,红细胞及视网膜等,由于无线粒体,故只能通过无氧酵解供能。

3.某些病理情况下,如循环衰竭、呼吸衰竭时,组织缺 O_2,机体所需能量主要来自糖无氧氧化。此时产生大量乳酸,能产生乳酸酸中毒。

二、糖的有氧氧化

葡萄糖在有氧条件下彻底氧化成二氧化碳和水的反应过程。绝大多数组织细胞通过糖的有氧氧化途径获得能量。整个代谢途径在胞质和线粒体中进行。

(一)糖有氧氧化的过程

反应过程包括以下三个阶段。

1.糖酵解:葡萄糖经酵解途径生成丙酮酸

此阶段在细胞胞质中进行,与糖的无氧酵解途径相同。1 分子葡萄糖分解后生成 2 分子丙酮酸,2 分子 $NADH+H^+$。

2.丙酮酸氧化脱羧生成乙酰 CoA

丙酮酸进入线粒体,在丙酮酸脱氢酶系的催化下氧化脱羧生成 $NADH+H^+$ 和乙酰 CoA。

3.三羧酸循环

指乙酰 CoA 和草酰乙酸缩合生成含三个羧基的柠檬酸,进行 4 次脱氢,2 次脱羧,1 次底物水平磷酸化反应,又生成草酰乙酸,再重复循环反应的过程。由于循环反应中的第一个中间产物是一个含三个羧基的柠檬酸,所以称为三羧酸循环(柠檬酸循环)。由于 Krebs 正式提出了三羧酸循环的学说,故此循环又称为 Krebs 循环。反应部位在线粒体。

(1)反应过程

由八步反应构成:草酰乙酸＋乙酰 CoA→柠檬酸→异柠檬酸→α-酮戊二酸→琥珀酰 CoA→琥珀酸→延胡索酸→苹果酸→草酰乙酸。

(2)三羧酸循环反应特点

每完成一次三羧酸循环

①4 次脱氢,生成 1 分子 $FADH_2$,3 分子 $NADH＋H^+$

②2 次脱羧生成 2 分子 CO_2

③1 次底物水平磷酸化,生成 1 分子 GTP(ATP)

(3)关键酶

柠檬酸合酶,异柠檬酸脱氢酶,α-酮戊二酸脱氢酶复合体

(4)三羧酸循环的生理意义

①是三大营养物质(糖、脂、蛋白质)分解的共同途径。

②是三大营养素相互转变的联系枢纽。

(二)糖有氧氧化的生理意义

1.是机体获得 ATP 的主要方式,生成的 ATP 数目远远多于糖的无氧酵解生成的 ATP 数目。1 分子葡萄糖经有氧氧化途径彻底氧化分解生成 30 或 32 分子 ATP。

2.是糖在体内分解供能的主要途径,机体内大多数组织细胞均通过此途径氧化供能。

三、磷酸戊糖途径

(一) 概念

磷酸戊糖途径是指从糖酵解的中间产物葡萄糖-6-磷酸开始形成旁路,通过氧化和基团转移两个阶段生成果糖-6-磷酸和 3-磷酸甘油醛,从而返回糖酵解的代谢途径。其中最重要的代谢中间产物是 5-磷酸戊糖和 $NADPH＋H^+$,整个代谢途径在胞质中进行。关键酶是葡萄糖-6-磷酸脱氢酶。

(二)生理意义

1.为核酸的生物合成提供核糖。

2.提供 NADPH 作为供氢体参与多种代谢反应,NADPH 是体内多种合成代谢的供氢体,参与体内羟化反应,还用于维持谷胱甘肽的还原状态。

四、糖原的合成与分解

糖原是葡萄糖的多聚体,是体内糖的储存形式。肝脏和肌肉是储存糖原的主要组织。糖原的合成与分解代谢主要发生在肝细胞和肌细胞的胞液中。

(一)糖原的合成

1.糖原合成的过程

(1)活化,由葡萄糖生成尿苷二磷酸葡萄糖:葡萄糖→葡萄糖-6-磷酸→1-磷酸葡萄糖→鸟苷二磷酸葡萄糖(UDPG)。此阶段需使用 UTP,相当于消耗 2 分子的 ATP。

(2)缩合,在糖原合酶催化下,UDPG 所带的葡萄糖残基通过 α-1,4-糖苷键与原有糖原分子的非还原端相连,使糖链延长。糖原合酶是糖原合成的关键酶。

(3)分支,当直链长度达 12 个葡萄糖残基以上时,在分支酶的催化下,将距末端 6～7 个葡萄糖残基组成的寡糖链由 α-1,4-糖苷键转变为 α-1,6-糖苷键,使糖原出现分支,同时非还

原端增加。

2.糖原合成的关键酶

糖原合酶

3.糖原合成是耗能过程

每延长一个葡萄糖基消耗 2 分子 ATP。

(二)糖原的分解

糖原分解习惯上是指肝糖原分解为葡萄糖,分为三个阶段。

1.糖原分解的过程

(1)水解,糖原→1-磷酸葡萄糖。本阶段的关键酶是糖原磷酸化酶。

(2)异构,1-磷酸葡萄糖→葡萄糖-6-磷酸。

(3)脱磷酸,葡萄糖-6-磷酸→葡萄糖。此过程只能在肝和肾进行。

2.糖原分解的关键酶

糖原磷酸化酶

3.糖原分解不消耗 ATP

五、糖异生

非糖物质(乳酸、甘油和生糖氨基酸等)转变成葡萄糖或糖原的过程。糖异生主要发生在肝,其次是肾。

(一)糖异生的反应过程

糖异生与糖酵解的多数反应是可逆的,仅酵解途径中 3 个限速步骤所对应的逆反应需要由糖异生特有的关键酶(丙酮酸羧化酶、磷酸烯醇式丙酮酸羧激酶、果糖二磷酸酶、葡萄糖-6-磷酸酶)来催化,分别如下。

1.由丙酮酸羧化酶和磷酸烯醇式丙酮酸羧激酶催化丙酮酸经草酰乙酸生成磷酸烯醇式丙酮酸。

2.由果糖二磷酸酶催化 1,6-二磷酸果糖转变为 6-磷酸果糖。

3.由葡萄糖-6-磷酸酶催化葡糖-6-磷酸水解为葡萄糖。

(二)糖异生的关键酶

丙酮酸羧化酶、磷酸烯醇式丙酮酸羧激酶、果糖二磷酸酶、葡萄糖-6-磷酸酶

(三)糖异生的生理意义

1.维持血糖浓度恒定;

2.补充肝糖原;

3.调节酸碱平衡,长期饥饿时,肾糖异生增强有利于维持酸碱平衡。

练习题

一、单项选择题

1.糖在体内主要的分解途径是 　　　　　　　　　　　　　　　(　)

    A.无氧氧化 　　　　　　　 B.有氧氧化 　　　　　　　 C.磷酸戊糖途径

    D.糖醛酸途径 　　　　　　 E.三羧酸循环

2. 能发生底物水平磷酸化的反应有 （　　）

A. 1,3-二磷酸甘油酸→3-磷酸甘油酸

B. 磷酸烯醇式丙酮酸→烯醇式丙酮酸

C. 琥珀酰 CoA→琥珀酸

D. 以上都不是

E. 以上 A、B、C 都是

3. 下列属于糖酵解过程中的关键酶是 （　　）

A. 己糖激酶　　　　　　　B. 磷酸葡萄糖变位酶　　　　C. 丙酮酸脱氢酶

D. 3-磷酸甘油酸激酶　　　E. 丙酮酸羧化酶

4. 1mol 葡萄糖经无氧氧化途径净生成 ATP 数是 （　　）

A. 1mol　　　　　　　　　B. 2mol　　　　　　　　　　C. 3mol

D. 4mol　　　　　　　　　E. 5mol

5. 6-磷酸果糖激酶-1 的别构抑制剂是 （　　）

A. CTP　　　　　　　　　B. ATP　　　　　　　　　　C. AMP

D. CDP　　　　　　　　　E. ADP

6. 下列哪个激素可使血糖浓度下降 （　　）

A. 肾上腺素　　　　　　　B. 胰岛素　　　　　　　　　C. 生长素

D. 糖皮质激素　　　　　　E. 胰高血糖素

7. 关于糖的有氧氧化论述不正确的是 （　　）

A. 在有氧条件下糖的有氧氧化抑制糖酵解

B. 糖的有氧氧化的终产物是 CO_2、H_2O 和 ATP

C. 糖的有氧氧化是体内糖氧化供能的主要方式

D. 1mol 葡萄糖彻底氧化净生成 30 或 32mol ATP

E. 糖的有氧氧化在胞质中进行

8. 合成糖原时,葡萄糖的活性形式是 （　　）

A. UDPG　　　　　　　　B. CDPG　　　　　　　　　C. GDUP

D. UMPG　　　　　　　　E. UTPG

9. 在有氧条件下,线粒体内下述反应中能产生 $FADH_2$ 步骤是 （　　）

A. 柠檬酸→α-酮戊二酸

B. 异柠檬酸→α-酮戊二酸

C. α-酮戊二酸→琥珀酰 CoA

D. 苹果酸→草酰乙酸

E. 琥珀酸→延胡索酸

10. 1 分子葡萄糖经无氧分解,有几次底物水平磷酸化 （　　）

A. 1　　　　　　　　　　　B. 6　　　　　　　　　　　C. 4

D. 5　　　　　　　　　　　E. 2

11. 一个正常人在参加 500 米跑赛后,尿中增加的物质是 （　　）

A. 丙酮酸　　　　　　　　B. 草酰乙酸　　　　　　　　C. 葡萄糖

D. 乳酸　　　　　　　　　E. 乙酰乙酸

12. 使血糖升高的激素是　　　　　　　　　　　　　　　　　　　　　（　　）

    A. 肾上腺素　　　　　　　B. 甲状旁腺激素　　　　　C. 降钙素

    D. 胰岛素　　　　　　　　E. 催产素

13. 关于糖的无氧氧化的论述不正确的是　　　　　　　　　　　　　　（　　）

    A. 反应过程在胞质中进行的

    B. 终产物是丙酮酸

    C. 在缺氧时为机体迅速提供能量

    D. 反应过程有两次底物水平磷酸化

    E. 1mol 葡萄糖经无氧氧化生成 2mol 乳酸

14. 丙酮酸不参与下列哪种代谢过程？　　　　　　　　　　　　　　　（　　）

    A. 转变为丙氨酸　　　　　B. 异生成葡萄糖　　　　　C. 进入线粒体氧化供能

    D. 还原成乳酸　　　　　　E. 经异构酶催化生成丙酮

15. 损伤后，修补再生作用强烈的组织（如心、肝）糖的哪条代谢途径比较活跃　（　　）

    A. 糖的有氧氧化　　　　　B. 糖的无氧氧化　　　　　C. 糖原合成

    D. 磷酸戊糖途径　　　　　E. 脂肪合成

16. 肌糖原分解不能直接补充血糖的原因是　　　　　　　　　　　　　（　　）

    A. 肌肉组织是贮存葡萄糖的器官

    B. 肌肉组织缺乏葡萄糖激酶

    C. 肌肉组织缺乏葡萄糖-6-磷酸酶

    D. 肌肉组织缺乏磷酸酶

    E. 肌糖原分解的产物是乳酸

17. 三羧酸循环中有底物水平磷酸化的反应是在　　　　　　　　　　　（　　）

    A. 异柠檬酸→α-酮戊二酸　B. 柠檬酸→异柠檬酸　　　C. α-酮戊二酸→琥珀酸

    D. 琥珀酸→苹果酸　　　　E. 苹果酸→草酰乙酸

18. 三羧酸循环和有关的呼吸链反应中能产生 ATP 最多的步骤是　　　　（　　）

    A. 柠檬酸→异柠檬酸　　　B. α-酮戊二酸→琥珀酸　　C. 异柠檬酸→α-酮戊二酸

    D. 琥珀酸→苹果酸　　　　E. 苹果酸→草酰乙酸

19. 位于糖酵解、糖异生、磷酸戊糖途径、糖原合成和糖原分解各条代谢途径交汇点上的

    化合物是　　　　　　　　　　　　　　　　　　　　　　　　（　　）

    A. 1-磷酸葡萄糖　　　　　B. 葡萄糖-6-磷酸　　　　　C. 1,6-二磷酸果糖

    D. 3-磷酸甘油酸　　　　　E. 6-磷酸果糖

20. 乳酸或丙氨酸异生成糖时，必须在线粒体内进行的反应是　　　　　（　　）

    A. 1,6-二磷酸果糖→6-磷酸果糖

    B. 葡萄糖-6-磷酸→葡萄糖

    C. 丙酮酸→草酰乙酸

    D. 草酰乙酸→磷酸烯醇式丙酮酸

    E. 葡萄糖-6-磷酸→1-磷酸葡萄糖

21. 当细胞内 ATP/AMP 比值降低时被激活的酶是　　　　　　　　　（　　）

　　A. 丙酮酸羧化酶　　　　　　B. 葡萄糖-6-磷酸酶　　　　　C. 烯醇化酶

　　D. 醛缩酶　　　　　　　　　E.6-磷酸果糖激酶-1

22. 需经胞液和线粒体共同完成的糖代谢途径是　　　　　　　　　　（　　）

　　A. 磷酸戊糖途径　　　　　　B. 糖原合成途径　　　　　　C. 有氧氧化途径

　　D. 糖原分解途径　　　　　　E. 无氧氧化途径

23. 成熟红细胞主要以糖酵解供能的原因是　　　　　　　　　　　　（　　）

　　A. 缺氧　　　　　　　　　　B. 缺少 TPP　　　　　　　　C. 缺少辅酶 A

　　D. 缺少线粒体　　　　　　　E. 缺少微粒体

24. 三羧酸循环中最主要的调节酶是　　　　　　　　　　　　　　　（　　）

　　A. 丙酮酸脱氢酶　　　　　　B. 柠檬酸合成酶　　　　　　C. 苹果酸脱氢酶

　　D. 琥珀酸脱氢酶　　　　　　E. 异柠檬酸脱氢酶

25. 1 分子葡萄糖在体内进行有氧氧化,彻底氧化成二氧化碳和水,同时生成（　　）

　　A.22 或 24 分子 ATP　　　B.12 或 15 分子 ATP　　　C.6 或 8 分子 ATP

　　D.24 或 26 分子 ATP　　　E.30 或 32 分子 ATP

26. 关于三羧酸循环的叙述错误的是　　　　　　　　　　　　　　　（　　）

　　A. 起始物是乙酰 CoA 和草酰乙酸

　　B. 每循环一次终产物是草酰乙酸

　　C. 释放出的 CO_2 中的碳来自于乙酰 CoA

　　D. 该循环为一些氨基酸异生成糖的通路

　　E. 该循环为糖、脂肪、氨基酸氧化的共同途径

27. 关于糖异生途径的叙述正确的是　　　　　　　　　　　　　　　（　　）

　　A. 为可逆反应

　　B. 没有能障

　　C. 不需耗能

　　D. 可在肾脏进行

　　E. 在肌细胞内进行时可直接补充血糖

28. 磷酸戊糖途径　　　　　　　　　　　　　　　　　　　　　　　（　　）

　　A. 是体内 CO_2 的主要来源

　　B. 可生成 NADPH＋H^+,直接通过呼吸链产生 ATP

　　C. 可生成 NADPH＋H^+,供还原性合成的代谢需要

　　D. 是体内生成糖醛酸的途径

　　E. 饥饿时葡萄糖经此途径代谢增加

29. 氨基酸生成糖的途径是下列哪种途径　　　　　　　　　　　　　（　　）

　　A. 糖有氧氧化　　　　　　　B. 糖酵解　　　　　　　　　C. 糖原分解

　　D. 糖原合成　　　　　　　　E. 糖异生

30. 关于 NADPH＋H^+ 的作用不包括　　　　　　　　　　　　　（　　）

　　A. 氧化供能

　　B. 是谷胱甘肽还原酶的辅酶

C. 参与胆固醇合成

D. 参与脂肪合成

E. 参与杀菌反应

31. 提出三羧酸循环的科学家是　　　　　　　　　　　　　　　　（　　）

A. Pasteur　　　　　　　　B. Cori　　　　　　　　C. Krebs

D. Warburg　　　　　　　E. Krabbe

32. 小肠上皮细胞主要通过下列哪种方式由肠腔吸收葡萄糖　　　　　（　　）

A. 单纯扩散　　　　　　　B. 易化扩散　　　　　　C. 主动运输

D. 胞饮作用　　　　　　　E. 吞噬作用

二、填空题

1. 糖的运输形式是_____,储存形式是_____。

2. 糖酵解途径中的两个底物水平磷酸化反应分别由_____和_____催化。

3. 糖酵解途径关键酶是_____、_____和_____。

4. 糖酵解作用发生于细胞的_____,其最重要的生理意义在于_____。1mol 葡萄糖经糖酵解途径可净生成_____ mol ATP。

5. _____和_____是 6-磷酸果糖激酶-1 的变构抑制剂。

6. 6-磷酸果糖激酶-1 有两个结合 ATP 的部位,一是_____,ATP 作为底物结合;另一个是_____,与 ATP 的亲和力较低。

7. 糖异生的原料有_____、_____和_____。

8. 糖的有氧氧化的反应过程可分为三个阶段,即_____、_____和_____。

9. 丙酮酸脱氢酶复合体是由_____、_____和_____三种酶按一定比例组合而成的多酶复合体,参与反应的的辅助因子包括_____、_____、_____、_____和_____。

10. 在三羧酸循环中发生的底物水平磷酸化反应是_____。催化氧化脱羧的酶是_____、_____。

11. 1mol 葡萄糖-6-磷酸彻底氧化分解可产生_____ mol ATP。

12. 三羧酸循环的调节点是_____、_____。

13. 磷酸戊糖途径的代谢反应在_____中进行,它的生理意义在于_____和_____。

14. 在糖原的合成代谢中,需要_____的参与,_____作为葡萄糖的供体,参与的酶有_____和_____。

15. 肝糖原合成和分解的关键酶分别是_____和_____。

16. 糖异生途径中的关键酶是_____、_____、_____和_____。

17. 调节血糖浓度最主要的激素是_____和_____。

18. 人体内糖原以_____、_____为主。

19. 由于红细胞没有_____,其能量几乎全由_____提供。

20. 葡萄糖进入细胞后首先的反应是_____,才不能自由通过_____而逸出细胞。

三、名词解释

1.底物水平磷酸化　　　　2.糖的无氧氧化　　　　3.糖的有氧氧化

4.三羧酸循环　　　　　　5.磷酸戊糖途径　　　　6.糖异生作用

四、简答题

1.简述糖无氧氧化的生理意义。

2.简述 TAC 循环是糖、脂、蛋白质三大物质代谢的共同通路。

3.简述为什么成熟红细胞的糖代谢特点是 90％以上的糖进入糖无氧氧化途径？并简述磷酸戊糖途径的生理意义。

4.叙述体内草酰乙酸的来源。

参考答案

一、单项选择题

1.B　2.E　3.A　4.B　5.B　6.B　7.E　8.A　9.A　10.E

11.D　12.A　13.B　14.E　15.D　16.C　17.C　18.B　19.B　20.C

21.E　22.C　23.D　24.E　25.E　26.C　27.D　28.C　29.E　30.A

31.C　32.C

二、填空题

1.葡萄糖　糖原

2.磷酸甘油酸激酶　丙酮酸激酶

3.己糖激酶　6-磷酸果糖激酶-1　丙酮酸激酶

4.胞液　迅速供能　2

5.ATP　柠檬酸

6.活化中心内的催化部位　活性中心以外的与别构效应物结合的部位

7.甘油　乳酸　生糖氨基酸

8.糖酵解途径　丙酮酸进入线粒体氧化脱羧生成乙酰 CoA　乙酰 CoA 进入三羧酸循环和氧化磷酸化

9.丙酮酸脱氢酶　二氢硫辛酰胺转乙酰化酶　二氢硫辛酰胺脱氢酶　TPP　NAD^+　CoA　FAD　硫辛酸

10.琥珀酰 CoA→琥珀酸　异柠檬酸脱氢酶　α-酮戊二酸脱氢酶复合体

11.31 或 33

12.异柠檬酸脱氢酶　α-酮戊二酸脱氢酶复合体

13.胞液　生成核糖　NADPH

14.引物　UDPG　糖原合酶　分支酶

15.糖原合酶　磷酸化酶

16.丙酮酸羧化酶　磷酸烯醇式丙酮酸羧激酶　果糖双磷酸酶-1　葡萄糖-6-磷酸酶

17.胰高血糖素　胰岛素

18.肝糖原　肌糖原

19.线粒体　糖的无氧氧化

20.磷酸化　细胞膜

三、名词解释

1.底物在脱氢或脱水时分子内部能量重新分布形成的高能磷酸键直接转移给 ADP 生成 ATP 的方式,称为底物水平磷酸化。

2.机体在缺氧,供氧不足时,一分子葡萄糖在无氧条件下分解生成乳酸并释放出能量的过程称为糖的无氧氧化。整个代谢途径在胞质中进行。

3.葡萄糖或糖原在有氧的条件下彻底氧化生成二氧化碳和水并产生大量能量的过程,称为糖的有氧氧化。有氧氧化是体内糖分解供能的主要途径。

4.在线粒体内,乙酰 CoA 和草酰乙酸缩合生成含三个羧基的柠檬酸,经脱氢、脱羧转变成 α-酮戊二酸,再经脱氢、脱羧最后又转变成草酰乙酸。草酰乙酸又可与另一分子的乙酰 CoA 缩合生成柠檬酸,重复进行上述的过程,由于此过程首先生成含有三个羟基的柠檬酸又周而复始循环进行,所以称为三羟酸循环(TAC)或柠檬酸循环。

5.磷酸戊糖途径是指从糖酵解的中间产物葡萄糖-6-磷酸开始形成旁路,通过氧化和基团转移两个阶段生成果糖-6-磷酸和 3-磷酸甘油醛,从而返回糖酵解的代谢途径。其中最重要的代谢中间产物是 5-磷酸戊糖和 $NADPH+H^+$,整个代谢途径在胞质中进行。

6.在体内非糖物质(乳酸、甘油和生糖氨基酸等)转变成葡萄糖或糖原的过程。糖异生主要发生在肝,其次是肾。

四、简答题

1.(1) 产能:在生成 ATP 时不消耗氧,可为机体提供少量能量。

(2) 糖的无氧氧化是人体内成熟红细胞 ATP 的唯一来源。

(3) 人体内某些组织细胞,即使在有氧的条件下主要也是由糖的无氧氧化获得 ATP。如:皮肤、视网膜、睾丸等。

(4) 特殊的生理意义:是机体剧烈运动时补充能量的有效方式,因为剧烈运动时肌肉所需的 ATP 增加,供氧相对不足时糖的无氧氧化增快以提供大量 ATP 但同时产生大量的乳酸可引起乳酸性酸中毒,使呼吸、循环衰竭。

2.(1)三羧酸循环是乙酰 CoA 最终氧化生成 CO_2 和 H_2O 的途径。

(2)糖代谢产生的碳骨架最终进入三羧酸循环氧化。

(3)脂肪分解产生的甘油可通过糖有氧氧化进入三羧酸循环氧化,脂肪酸经 β-氧化产生乙酰 CoA 可进入三羧酸循环氧化。

(4)蛋白质分解产生的氨基酸经脱氨后碳骨架可进入三羧酸循环,同时,三羧酸循环的中间产物可作为氨基酸的碳骨架接受 NH_3 后合成非必需氨基酸。所以,三羧酸循环是三大物质代谢的共同通路。

3.(1)成熟红细胞没有线粒体等亚细胞器,故能量来源主要是糖无氧氧化,不消耗氧。

(2)其生理意义主要是:

①通过此途径生成的 5-磷酸核糖具有重要的生理意义:是合成核酸(DNA、RNA)的原料;可把体内的己糖代谢与戊糖代谢相互联系起来;可实现 3~7 个碳原子糖类物质的相互转化。

②可生成具有重要生理意义的 NADPH＋H$^+$：是体内合成多种活性物质的供氢体；参与体内解毒及生物转化作用；与吞噬细胞杀菌作用有关（与具有杀菌作用的氧负离子的生成有关），故与机体免疫功能有关；是谷胱甘肽还原酶的辅酶。

4. 主要通过四条途径获得草酰乙酸：

(1)天冬氨酸$\longrightarrow$草酰乙酸＋NH_3（脱氨基反应）

(2)丙酮酸＋CO_2＋ATP＋生物素$\xrightarrow{\text{丙酮酸羧化酶}}$草酰乙酸＋ADP（线粒体内）

(3)柠檬酸$\longrightarrow$草酰乙酸＋乙酰 CoA（裂解反应）

(4)苹果酸＋$NAD^+$$\longrightarrow$草酰乙酸＋NADH＋H$^+$（脱氢反应）

（范戎）

第六章 脂类代谢

学习要求

1.掌握:脂肪动员的概念、关键酶;饱和脂肪酸的β-氧化的概念、基本过程及其能量的计算;酮体生成的原料、过程及关键酶、酮体的氧化利用、酮体生成的意义;脂肪酸合成的原料、关键酶;胆固醇合成的部位、原料及其胆固醇的转化和排泄;血脂与血浆脂蛋白的概念、血脂的种类及其来源;血浆脂蛋白的分类及其对应关系、各类血浆脂蛋白的组成特点及其功能。

2.熟悉:脂类的生理功能;脂类的消化及吸收;甘油的激活、甘油的来源与去路;酮体生成的调节;脂肪酸合成的基本过程;脂肪的合成部位、过程及其调节;高脂血症与高脂蛋白血症及其分类。

3.了解:不饱和脂肪酸的氧化、多不饱和脂肪酸的过氧化;甘油磷脂的降解、鞘磷脂的化学结构及其合成、降解;磷脂的概念及分类、甘油磷脂的合成部位、原料及其磷脂酰乙醇胺和磷脂酰胆碱的合成过程、磷脂降解的磷脂酶作用的特异性;胆固醇的吸收及其合成的基本过程、胆固醇合成的调节;血浆脂蛋白的结构及其代谢。

知识概要

脂类是脂肪和类脂的总称。脂肪亦称甘油三酯(TG),主要分布于脂肪组织,其生理功能是储存能量和氧化供能。类脂包括胆固醇(Ch)、胆固醇酯(CE)、磷脂和糖脂等,是细胞膜结构的重要组成成分,参与细胞识别及信息传递,并且是体内合成多种具有特殊生理功能物质的原料。

一、甘油三酯的合成代谢

(一)合成原料

1.α-磷酸甘油:糖代谢中磷酸二羟丙酮还原生成;细胞内甘油直接磷酸化。

2.脂肪酸:以乙酰 CoA、ATP、HCO_3^-、NADPH+H^+、Mn^{2+} 为原料合成。脂肪酸合成的关键酶为乙酰 CoA 关键酶。

(二)合成场所

肝、脂肪组织和小肠黏膜,亚细胞场所是在细胞质中合成。

(三)合成过程

1.脂肪酸活化:由脂酰 CoA 合成酶的催化,由 ATP 提供能量,将脂肪酸与 CoA 缩合,生成脂酰 CoA。

2.甘油一酯途径:小肠黏膜细胞以该途径合成甘油三酯,由脂酰 CoA 转移酶催化、ATP供能,将脂酰基转移到 2-甘油一酯羟基合成甘油三酯。

3.甘油二酯途径：肝、脂肪组织以该途径合成甘油三酯，以 3-磷酸甘油为起始物，先合成 1,2-甘油二酯，最后通过酯化甘油二酯羟基生成甘油三酯。

二、甘油三酯的分解代谢

(一)脂肪动员

甘油三酯分解代谢从脂肪动员开始。储存在脂肪细胞中的脂肪被脂肪酶逐步水解为游离脂肪酸及甘油并释放入血以供其它组织氧化利用。脂肪动员的限速酶是激素敏感性甘油三酯脂肪酶(HSL)。

(二)甘油分解代谢

甘油溶于水，直接经血液运送至肝、肾、肠等组织利用。在甘油激酶的作用下，甘油转变为 3-磷酸甘油，然后脱氢形成磷酸二羟丙酮，循糖代谢途径分解或转变为葡萄糖。

(三)脂肪酸的 β-氧化

是指脂肪酸逐步脱氢(氧化)及碳链逐步缩短(降解)的过程。β-氧化是脂肪酸分解的核心过程。

1.部位：体内大多数组织均可进行，其中肝、肌肉最活跃，大脑、红细胞不能进行此氧化过程。

2.过程：

(1)活化：在脂酰 CoA 合成酶的作用下，由 ATP 提供能量，将脂肪酸与 CoA 缩合，生成脂酰 CoA。该反应在胞液中进行。

(2)脂酰 CoA 进入线粒体：在胞液中产生的脂酰 CoA 需转移到线粒体才能进行 β-氧化，而脂酰 CoA 不能自由通过线粒体内膜，需借助该膜外侧肉毒碱脂酰转移酶Ⅰ和内侧的肉酶碱脂酰转移酶Ⅱ的作用，由肉碱将脂酰 CoA 携带至线粒体，此过程是脂酸 β-氧化的主要限速步骤，肉毒碱脂酰转移酶Ⅰ是限速酶。

(3)脂肪酸 β-氧化：该反应在线粒体中进行。脂酰 CoA 进入线粒体基质后，在脂酸 β-氧化多酶复合体催化下，以脂酰基的 β 碳原子开始，进行脱氢、加水、再脱氢及硫解等连续反应，脂酰基断裂生成一分子比原来少二个碳原子的脂酰 CoA 及 1 分子乙酰 CoA。该循环反复进行，将偶数碳的脂酰 CoA 分解为若干个乙酰 CoA。最终产物乙酰 CoA 经三羧酸循环彻底氧化供能。1mol 软脂酸经 β-氧化彻底分解，可净生成 106mol ATP。

(四) 酮体的生成和利用

1.概念：酮体是脂肪酸在肝内氧化的正常中间产物，包括乙酰乙酸、β-羟丁酸和丙酮。

2.酮体的生成：在肝细胞线粒体，脂肪酸 β-氧化产生的乙酰 CoA 作为酮体产生的原料，HMGCoA 合成酶是酮体合成的关键酶。

3.酮体的利用：肝脏没有利用酮体的酶类，在肝脏合成的酮体必须通过血液循环运输到肝外组织被氧化利用。丙酮量很少，又具挥发性，主要通过肺呼出和经肾由尿排出。乙酰乙酸和 β-羟丁酸都被转化为乙酰 CoA，最终通过三羧酸循环彻底氧化。

4.酮体生成的意义：

①酮体是肝输出能量的重要形式。酮体溶于水，分子小，能通过血脑屏障及肌肉的毛细血管壁，是肌肉，尤其是脑组织的重要能源。长期饥饿及糖供给不足时，酮体可以代替葡萄糖成为脑组织及肌肉的主要能源。

②正常情况下,肝脏生酮能力低于肝外利用酮体的能力,血中酮体量很少,在饥饿及糖尿病等情况下,脂肪动员加强,酮体生成增多,当超过肝外组织利用的能力时,血中酮体的含量增加,严重时引起酮症中毒。

三、磷脂代谢

含磷酸的脂类称为磷脂,有甘油磷脂和鞘磷脂。甘油磷脂包括磷脂酰胆碱(卵磷脂)、磷脂酰乙醇胺(脑磷脂)、磷脂酰丝氨酸、磷脂酰甘油、磷脂酰肌醇等。

(一)合成部位

全身各组织细胞内质网,但以肝、肾、肠最活跃。

(二)合成原料

脂肪酸、甘油、磷酸盐、胆碱、丝氨酸、肌醇、ATP 及 CTP。

四、胆固醇的代谢

(一)胆固醇的合成

1.合成部位

胞液及内质网,肝为主要场所,其次为小肠。

2.合成原料

乙酰 CoA、NADPH 及 ATP。

3.合成过程

(1)甲羟戊酸(MVA)的合成(关键步骤),HMGCoA 还原酶为关键酶。

(2)鲨烯的合成。

(3)胆固醇合成。

(二)胆固醇的转化

胆固醇不能像葡萄糖、脂肪那样被彻底氧化分解,只能进行有限降解或转化,被不同的组织细胞转化成不同的衍生物。

1.转化为胆汁酸。在肝脏,胆固醇可转化为胆汁酸,并经胆道、肠道排出,这是机体排出胆固醇的唯一方式和途径,进入肠道的胆汁酸在脂类的消化和吸收中起着十分重要的作用。

2.转化为类固醇激素。在肾上腺和性腺,胆固醇可被转化为类固醇激素。

3.转化为维生素 D_3。在皮肤,胆固醇可被转化为 7-脱氢胆固醇,经紫外线照射生成维生素 D_3。

五、血浆脂蛋白代谢

血浆所含脂类统称为血脂。包括甘油三酯、磷脂、胆固醇及其酯以及游离脂肪酸等。脂类不溶于水,在血液中以脂蛋白形式存在。

(一)血浆脂蛋白分类

1.电泳法:可将血浆脂蛋白分为乳糜微粒、β-脂蛋白、前 β-脂蛋白和 α-脂蛋白四种。

2.超速离心法:将血浆脂蛋白分为乳糜微粒(CM)、极低密度脂蛋白(VLDL)、低密度脂蛋白(LDL)和高密度脂蛋白(HDL)四种。

(二)血浆脂蛋白组成

由血脂和载脂蛋白(Apo)组成,血浆脂蛋白是血脂的存在形式和运输形式。

(三)血浆脂蛋白的生理功能

1.乳糜微粒(CM):转运外源性甘油三酯及胆固醇至全身,合成部位是小肠黏膜细胞。

2.极低密度脂蛋白(VLDL):转运内源性甘油三酯及胆固醇至全身,合成部位是小肠黏膜细胞。

3.低密度脂蛋白(LDL):转运内源性胆固醇至全身,合成部位是血浆。

4.高密度脂蛋白(HDL):逆向转运胆固醇至肝脏,合成部位肝、肠、血浆。

练习题

一、单项选择题

1.脂肪动员的关键酶是　　　　　　　　　　　　　　　　　　　　　　　(　　)

　　A.脂蛋白脂肪酶　　　　　　B.甘油一酯脂肪酶　　　　　C.甘油二酯脂肪酶

　　D.甘油三酯脂肪酶　　　　　E.胰脂酶

2.脂酰 CoA 氧化酶系存在于　　　　　　　　　　　　　　　　　　　　(　　)

　　A.微粒体　　　　　　　　　B.胞液　　　　　　　　　　C.溶酶体

　　D.线粒体基质　　　　　　　E.高尔基体

3.关于脂肪酸活化的叙述,错误的是　　　　　　　　　　　　　　　　　(　　)

　　A.活化是氧化的必要步骤

　　B.活化需要 ATP　　　　　　C.活化需要 Mg^{2+}

　　D.脂酰 CoA 是脂肪酸的活化形式

　　E.脂肪酸的活化即为脂肪动员

4.1 分子硬脂酸(18C)彻底氧化净生成的 ATP 数是　　　　　　　　　　(　　)

　　A.96　　　　　　　　　　　B.106　　　　　　　　　　 C.108

　　D.120　　　　　　　　　　 E.122

5.协助脂酰 CoA 克服"膜障"的运输工具是　　　　　　　　　　　　　　(　　)

　　A.胆碱　　　　　　　　　　B.CoA　　　　　　　　　　C.肉碱

　　D.脂酰载体蛋白　　　　　　E.载脂蛋白

6.去甲肾上腺素是脂解激素,其作用的机理是　　　　　　　　　　　　　(　　)

　　A.抑制磷酸二酯酶　　　　　B.抑制磷脂酶　　　　　　　C.激活腺苷酸环化酶

　　D.抑激活 DG 脂肪酶　　　　E.抑制 TG 脂肪酶

7.下列哪种激素是抗脂解激素　　　　　　　　　　　　　　　　　　　　(　　)

　　A.胰岛素　　　　　　　　　B.醛固酮　　　　　　　　　C.肾上腺素

　　D.胰高血糖素　　　　　　　E.生长素

8.下列哪种情况下机体能量的提供主要来自于脂肪　　　　　　　　　　　(　　)

　　A.空腹　　　　　　　　　　B.剧烈运动　　　　　　　　C.禁食或饥饿

　　D.进餐后　　　　　　　　　E.安静状态

9.关于酮体的论述不正确的是　　　　　　　　　　　　　　　　　　　　(　　)

　　A.是肝输出能源的一种形式

　　B.酮体溶解于水

  C. 酮体能通过血脑屏障

  D. 是脑组织的重要能源

  E. 酮体是肝脏异常的中间代谢物

10. 引起酮体增多的因素是 （　　）

  A. 糖酵解加强   B. 脂肪动员加强   C. 脂肪酸合成增加

  D. 脂肪合成加强   E. 糖的有氧氧化加强

11. 关于脂肪酸 β-氧化的叙述错误的是 （　　）

  A. 必须先活化

  B. 场所在线粒体内

  C. 每次氧化依次脱落 2C

  D. 氧化过程需 FAD 作辅酶

  E. 不饱和脂肪酸不能以此方式进行

12. 脂肪酸 β-氧化时不发生的反应是 （　　）

  A. 加水   B. 再脱氢   C. 脱氢

  D. 脱水   E. 硫解

13. 1 分子软脂酸(16C)彻底氧化净生成的 ATP 数是 （　　）

  A. 96   B. 106   C. 108

  D. 120   E. 122

14. 一分子 β-羟丁酸彻底氧化分解最多可净生成多少分子的 ATP （　　）

  A. 18.5/19.5   B. 19.5/17.5   C. 20.5/18.5

  D. 20.5/19.5   E. 22.5/20.5

15. 酮体合成的限速酶是 （　　）

  A. HMG-CoA 还原酶   B. HMG-CoA 合酶   C. HMG-CoA 裂解酶

  D. 乙酰乙酸硫激酶   E. 琥珀酰 CoA 转硫酶

16. 下列磷脂中,哪一种含有胆碱 （　　）

  A. 脑磷脂   B. 卵磷脂   C. 磷脂酸

  D. 鞘磷脂   E. 心磷脂

17. 脂肪酸合成所需要 NADPH 来源于 （　　）

  A. 糖的有氧氧化   B. 糖酵解途径   C. 糖异生途径

  D. 磷酸戊糖途径   E. 糖醛酸途径

18. 甘油的主要代谢去路是 （　　）

  A. 合成胆固醇   B. 参与糖代谢   C. 合成脂肪酸

  D. 转变成蛋白质   E. 参与血脂的组成

19. 下列哪种物质与磷脂的生成无关 （　　）

  A. 丝氨酸   B. SAM   C. 乙醇胺

  D. 胆碱   E. GTP

20. 下列合成磷脂的原料中,大部分必需由食物供给的是 （　　）

  A. 甘油   B. 磷酸   C. 多不饱和脂肪酸

  D. 胆碱   E. 胆胺

21. LCAT 作用的底物是　　　　　　　　　　　　　　　　　　（　　）
　　A. LDL 中的卵磷脂　　　　B. VLDL 中的卵磷脂　　　C. CM 中的胆固醇
　　D. HDL 中的胆固醇　　　　E. 胆固醇酯

22. 胞液中脂酰 CoA 碳链加长是利用　　　　　　　　　　　　（　　）
　　A. ACP 为载体　　　　　　B. 乙酰 CoA　　　　　　　C. 丙二酰 CoA
　　D. 软脂酰 CoA　　　　　　E. NADH＋H$^+$ 供氢

23. 乙酰 CoA 作为脂肪酸合成的基本原料,以哪种方式穿梭出线粒体?　　（　　）
　　A. 丙酮酸　　　　　　　　B. 苹果酸　　　　　　　　C. 柠檬酸
　　D. 甘油　　　　　　　　　E. 草酰乙酸

24. 下列哪种物质不直接参与脂肪酸的合成　　　　　　　　　　（　　）
　　A. 乙酰 CoA 羧化酶　　　　B. ACP　　　　　　　　　C. 生物素
　　D. NADPH＋H$^+$　　　　　E. 甘油

25. 下列哪种情况下可导致脂肪肝的发生　　　　　　　　　　　（　　）
　　A. 高糖饮食　　　　　　　B. 脑磷脂缺乏　　　　　　C. 胆碱的缺乏
　　D. 胰岛素分泌增加　　　　E. 肾上腺素分泌增加

26. 下列脂肪酸中属于必需脂酸的是　　　　　　　　　　　　　（　　）
　　A. 软脂酸　　　　　　　　B. 油酸　　　　　　　　　C. 亚油酸
　　D. 硬脂酸　　　　　　　　E. 软油酸

27. 合成脂肪酸的原料乙酰 CoA 从线粒体转运至胞液的途径是　　（　　）
　　A. 三羧酸循环　　　　　　B. 苹果酸穿梭　　　　　　C. 葡萄糖-丙酮酸循环
　　D. 柠檬酸-丙酮酸循环　　　E. α-磷酸甘油穿梭

28. 胆固醇合成的关键酶是　　　　　　　　　　　　　　　　　（　　）
　　A. HMGCoA 还原酶　　　　B. HMGCoA 合成酶　　　　C. HMGCoA 裂解酶
　　D. 乙酰乙酰 CoA 硫解酶　　E. 乙酰乙酸硫激酶

29. 体内合成胆固醇的主要组织是　　　　　　　　　　　　　　（　　）
　　A. 肝　　　　　　　　　　B. 肾　　　　　　　　　　C. 小肠
　　D. 脑　　　　　　　　　　E. 肺

30. 胆固醇在体内不能转变的物质是　　　　　　　　　　　　　（　　）
　　A. 类固醇激素　　　　　　B. VitD$_3$　　　　　　　　C. 胆汁酸
　　D. 胆红素　　　　　　　　E. 雄激素

31. 与胆固醇合成无关的物质是　　　　　　　　　　　　　　　（　　）
　　A. 乙酰 CoA　　　　　　　B. HMGCoA　　　　　　　C. NADPH＋H$^+$
　　D. 鲨烯　　　　　　　　　E. 甘油

32. 不能氧化利用脂肪的组织细胞是　　　　　　　　　　　　　（　　）
　　A. 肝脏　　　　　　　　　B. 心肌　　　　　　　　　C. 骨骼肌
　　D. 成熟红细胞　　　　　　E. 肾脏

33. CM 合成的场所是　　　　　　　　　　　　　　　　　　　（　　）
　　A. 肝脏　　　　　　　　　B. 小肠　　　　　　　　　C. 血浆
　　D. 肌肉　　　　　　　　　E. 脂肪组织

34. 下列哪种血浆脂蛋白含胆固醇最多 （　　）

    A. CM　　　　　　　　B. VLDL　　　　　　C. LDL

    D. HDL　　　　　　　　E. 以上都不是

35. 关于载脂蛋白,下列哪项是错误的 （　　）

    A. 与脂类结合,在血浆中转运脂类

    B. Apo C 不能激活 LPL(脂蛋白脂肪酶)

    C. Apo B100 能识别细胞上的 LDL 受体

    D. Apo A_I 能激活 LCAT

    E. Apo_{II} 可激活 LCAT

36. 下列哪种物质具有抗动脉粥样硬化的作用 （　　）

    A. CM　　　　　　　　B. HDL　　　　　　　C. 前 β-脂蛋白

    D. LDL　　　　　　　　E. 前列腺素

37. 从肝脏转运 TG 到其他组织的脂蛋白是 （　　）

    A. CM　　　　　　　　B. VLDL　　　　　　C. LDL

    D. HDL　　　　　　　　E. Apo A

38. HDL 的主要功能是 （　　）

    A. 逆向转运 Ch　　　　B. 转运内源性 Ch　　C. 促进 Ch 降解

    D. 促进 Ch 合成　　　　E. 促进 HDL 的降解

39. 关于 LDL 叙述错误的是 （　　）

    A. 在血浆中由 VLDL 转变而来

    B. 它是胆固醇含量最多的血浆脂蛋白

    C. 为正常人空腹血浆的主要脂蛋白

    D. 主要经 LDL 受体途径进行代谢

    E. 富含 Apo B48

40. 关于 CM 的叙述错误的是 （　　）

    A. 正常人空腹血浆中基本上不存在

    B. 运输外源性甘油三酯到心肌、骨骼肌及脂肪等外周组织

    C. 其所含的载脂蛋白主要是 Apo B100

    D. 在小肠黏膜细胞合成

    E. 蛋白质含量最少的血浆脂蛋白

41. 正常人空腹血浆脂蛋白主要是 （　　）

    A. CM　　　　　　　　B. VLDL　　　　　　C. IDL

    D. LDL　　　　　　　　E. HDL

二、填空题

1. 血脂主要包括_____、_____、_____、_____和_____。

2. 电泳分类法可将血浆脂蛋白分为_____、_____、_____和_____四类;密度法则分为_____、_____、_____和_____四类。

3. 血浆脂蛋白中含胆固醇最多的是_____,含蛋白质最多的是_____。

4.脂肪动员的关键酶是_____,体内的抗脂解激素是_____。

5.酮体包括_____、_____和_____三种。

6.脂肪酸的合成原料是_____、_____、_____和_____;限速酶是_____,其辅酶是_____。

7.必需脂肪酸包括_____、_____和_____。

8.胆固醇合成所需的原料是_____、_____和_____,合成的关键酶是_____。

9.胆固醇可转变成的活性物质是_____、_____和_____。

10.LPL的功能主要是水解_____和_____中的甘油三酯。

11.脂类消化的主要部位是_____,消化后吸收的主要部位是_____。

12.细胞内游离胆固醇升高能抑制_____酶的活性,增加_____酶的活性。

13.β-氧化的氧化反应是在脂酰CoA的β-碳上进行脱氢,氢的受体是_____和_____。

三、名词解释

1.必需脂肪酸　　　　2.脂肪动员　　　　3.脂肪酸的活化

4.血浆脂蛋白　　　　5.脂肪酸β-氧化　　6.酮体

7.胆固醇逆向转运

四、简答题

1.简述血浆脂蛋白的分类,每种分类的主要成分及其生理功能。

2.1分子20碳的饱和一元脂肪酸需经哪些步骤才能彻底氧化分解? 最终净生成多少分子ATP?

3.胆固醇在体内可转变成哪些重要物质? 合成胆固醇的基本原料和关键酶是什么?

参考答案

一、单项选择题

1.D　2.D　3.E　4.D　5.C　6.C　7.A　8.C　9.E　10.B

11.E　12.D　13.C　14.E　15.B　16.B　17.D　18.B　19.E　20.D

21.D　22.C　23.C　24.E　25.D　26.C　27.D　28.A　29.A　30.D

31.E　32.D　33.B　34.C　35.E　36.B　37.B　38.A　39.E　40.C　41.D

二、填空题

1.TG　磷脂　胆固醇　胆固醇酯　游离脂肪酸

2.CM　β-脂蛋白　前β脂蛋白　α-脂蛋白　CM　VLDL　LDL　HDL

3.LDL　HDL

4.甘油三酯脂肪酶　胰岛素

5.乙酰乙酸　β-羟丁酸　丙酮

6.乙酰CoA　$NADPH+H^+$　ATP　HCO_3^-　乙酰-CoA羧化酶　生物素

7.亚油酸　亚麻酸　花生四烯酸

8. 乙酰 CoA　ATP　NADPH＋H$^+$　HMG-CoA 还原酶

9. 胆汁酸　VitD$_3$　类固醇激素

10. CM　VLDL

11. 小肠上段　十二指肠下段和空肠上段

12. HMGCoA　还原酶 ACAT

13. NAD$^+$　FAD$^+$

三、名词解释

1. 人体所必需,但机体不能合成,必须由食物供给的脂肪酸就称为必需脂肪酸。主要包括亚油酸、亚麻酸、花生四烯酸。

2. 储存的脂肪,在脂肪酶的作用下,逐步进行水解,最终生成脂肪酸和甘油,被释放入血,供机体各组织氧化利用。

3. 脂肪酸在胞液中在脂酰 CoA 合成酶催化下,与 HSCoA 和 ATP 生成脂酰 CoA 的过程,活化后的脂肪酸才能进行氧化分解。

4. 血脂不溶于水,和血浆中的载脂蛋白结合成易溶于水的复合物-血浆脂蛋白,利于在血液中运输和参加脂代谢。

5. 脂肪酸活化为脂酰 CoA 进入线粒体,在 β 氧化酶系的催化下,经脱氢、水化、再脱氢、硫解四步反应,生成比原来少 2 个碳的脂酰 CoA 和 1 分子的乙酰 CoA,这个过程发生在脂酰 CoA 的 β 碳原子上,故称为 β-氧化。

6. 是脂肪酸在肝脏中氧化不完全生成的一些中间产物,包括乙酰乙酸、β-羟丁酸、丙酮三个成分。

7. HDL 在 LCAT、Apo A$_1$ 及 CETP 等的作用下,可将胆固醇从肝外组织转运到肝脏进行代谢,这种将胆固醇从肝外组织向肝转运的过程,称为胆固醇的逆向转运。

四、简答题

1. 具体分类及其功能见下表:

密度分类法	电泳分类法	主要成分	主要生理功能
CM	CM	TG	转运外源性 TG 至肝脏
VLDL	前 β-脂蛋白	TG	从肝脏转运内源性 TG 至全身
LDL	β-脂蛋白	胆固醇	从肝脏转运内源性胆固醇至全身
HDL	α-脂蛋白	蛋白质	从全身转运外源性胆固醇至肝脏

2. 该脂肪酸的 β-氧化过程如下:

(1)脂肪酸的活化:脂肪酸＋ATP＋CoSASH $\xrightarrow{\text{脂酰 CoA 合成酶}}$ 脂酰 CoA＋AMP＋PPi

(2)脂酰 CoA 进入线粒体:由肉碱帮助下进入线粒体中

(3)在线粒体中的脂酰 CoA 进行 β-氧化:脱氢、水化、再脱氢、硫解四步反应,脱下 1 分子的乙酰 CoA。20 碳的脂肪酸如此共进行 9 次 β-氧化,最后生成 10 分子乙酰 CoA。

(4)产能:20/2×10＋(20/2－1)×4－2＝134 分子 ATP

3.胆固醇的合成原料:乙酰 CoA、NADPH＋H⁺、ATP。胆固醇在体内的代谢、转变及其排泄:①胆固醇可转变为胆汁酸,以胆汁酸盐的形式从胆道排入肠腔,促进脂类的消化吸收。②转变为类固醇激素,A.肾上腺皮质激素,包括盐皮质激素和糖皮质激素,主要调节营养物质代谢及水盐代谢;B.性激素,包括雄性激素和雌性激素,主要维持男、女性的性状及生殖。(3)转变为 $VitD_3$,主要起到调节钙、磷代谢的作用。(4)胆固醇主要在粪便中以粪固醇的形式排出体外。

（范戎）

第七章 生物氧化

学习要求

1. 掌握:呼吸链的概念、组成及其排列顺序;氧化磷酸化的概念及偶联部位,P/O比值的概念及其意义;胞液中的 NADH＋H$^+$ 进入线粒体的两种穿梭方式。

2. 熟悉:影响氧化磷酸化的因素,氧化磷酸化中呼吸链的抑制剂;机体内能量的储存形式,高能磷酸化合物的转换及 ATP 的利用。

3. 了解:生物氧化中物质氧化的方式、生物氧化中二氧化碳的生成方式;参与生物氧化的各种酶类;ATP 与高能磷酸化合物;氧化磷酸化偶联机制;生物自由基的概念、超氧化物歧化酶的作用,反应活性氧的产生、清除。

知识概要

一、氧化呼吸链

线粒体内的生物氧化作用依赖于线粒体内膜中由一系列酶和辅酶按一定顺序排列组成的递氢或递电子体系,起到传递电子作用的电子传递链,与细胞利用氧密切相关,又被称为氧化呼吸链。由位于线粒体内膜上的四种蛋白质复合体组成,分别称为复合体Ⅰ、Ⅱ、Ⅲ、和Ⅳ。复合体Ⅰ、Ⅲ、Ⅳ镶嵌于线粒体内膜中,复合体Ⅱ仅镶嵌在双层脂质膜的内侧,共同完成电子的传递。通过电子传递过程所释放的能量驱动 H$^+$ 从线粒体基质转移至膜间隙,形成跨内膜的 H$^+$ 浓度梯度差,用于 ATP 的合成。

二、氧化磷酸化

ATP 是生物体内能量的直接供应者,体内生成 ATP 的方式有两种,底物水平磷酸化和氧化磷酸化,而氧化磷酸化是生成 ATP 的主要方式,即代谢物脱下的氢,经线粒体内氧化呼吸链电子传递释放能量,偶联驱动 ADP 磷酸化生成 ATP 的过程,又称为偶联磷酸化。根据 P/O 比值测定和呼吸链组分传递电子过程中氧化还原的电位差可以推算氧化磷酸化的偶联部位,即 ATP 的合成部位。

三、氧化磷酸化的影响因素

（一）ATP/ADP 的调节作用

（二）激素的调节作用

（三）线粒体 DNA 突变的影响

（四）抑制剂对氧化磷酸化的影响:

1. 呼吸链抑制剂;2. 解偶联抑制剂;3. 氧化磷酸化抑制剂。

四、线粒体外 NADH＋H$^+$ 转运进入线粒体

胞质中产生的 NADH＋H$^+$ 必须进入线粒体,才能经氧化磷酸化彻底分解,而 NADH＋

H^+不能自由通过线粒体内膜,必须经过两种穿梭作用将胞液中的 $NADH+H^+$ 转运进入线粒体内。

五、非线粒体氧化体系

细胞的微粒体和过氧化物酶体也是生物氧化的重要场所,其特点是在氧化的过程中不伴随着偶联磷酸化,无 ATP 的生成,其主要作用是对于代谢物、药物及毒物进行生物转化作用。

六、反应活性氧

反应活性氧类是指带有不成对电子的带氧的原子团或原子。由于反应活性氧类有强烈夺取电子的趋势,使存在它周围部位的蛋白质、酶、DNA、生物膜受到氧化损伤,进而改变这些物质的结构和功能,引起疾病以及衰老的发生。

练习题

一、单项选择题

1. 下列关于营养物质在体外燃烧和体内氧化的叙述哪一项是正确的　　　　（　　）

    A. 都需要催化剂

    B. 都需要在温和条件下进行

    C. 都是逐步释放能量

    D. 生成的终产物基本相同

    E. CO_2都是由氧与碳原子直接化合生成

2. 生物氧化是指　　　　（　　）

    A. 生物体内的脱氢反应

    B. 生物体内释放电子的反应

    C. 营养物质氧化生成水和二氧化碳并释放能量的过程

    D. 生物体内的脱氧反应

    E. 生物体内的加氧反应

3. 生物氧化过程中 CO_2的生成方式是　　　　（　　）

    A. 碳与氧直接结合产生

    B. 碳与氧间接结合产生

    C. 在电子传递过程中产生

    D. 由有机酸脱羧产生

    E. 以上均不对

4. 大部分代谢物脱下的 2H 主要由下列哪个受氢体接受　　　　（　　）

    A. NAD^+　　　　　　　　B. $NADP^+$　　　　　　　　C. FMN

    D. FAD　　　　　　　　E. CoQ

5. 不参与复合体 I 组成的是　　　　（　　）

    A. NADH-泛醌还原酶　　　B. Fe_2-S_2　　　　　　　C. Fe_4-S_4

    D. FAD　　　　　　　　E. FMN

6. 复合体 III 中不包含的物质是　　　　（　　）

    A. $Cyt\ b_{562}$　　　　　　　B. $Cyt\ b_{566}$　　　　　　C. Cyt c

D. Cyt c_1 E. Fe-S

7. 电子在细胞色素间传递的顺序为   （   ）
    A. $aa_3 \rightarrow b \rightarrow c_1 \rightarrow c \rightarrow O_2$ B. $aa_3 \rightarrow b \rightarrow c \rightarrow c_1 \rightarrow O_2$ C. $c_1 \rightarrow c \rightarrow b \rightarrow aa_3 \rightarrow O_2$
    D. $b \rightarrow c_1 \rightarrow c \rightarrow aa_3 \rightarrow O_2$ E. $b \rightarrow c \rightarrow c_1 \rightarrow aa_3 \rightarrow O_2$

8. 呼吸链中各种氧化还原对的标准氧化还原电位最高的是   （   ）
    A. $NAD^+/NADH+H^+$ B. $FMN/FMNH_2$ C. $FAD/FADH_2$
    D. Cyt a Fe^{3+}/Fe^{2+} E. $1/2 O_2/H_2O$

9. 对呼吸链的叙述正确的是   （   ）
    A. 两条呼吸链的汇合点是 Cyt c
    B. 两条呼吸链都含有复合体Ⅱ
    C. 解偶联后,呼吸链传递电子被中断
    D. 大多数代谢物脱下的氢进入 NADH 氧化呼吸链
    E. 通过呼吸链传递 2H 可生成 4 个 ATP

10. NADH 氧化呼吸链中与磷酸化相偶联的部位有几个   （   ）
    A. 1   B. 3   C. 2
    D. 4   E. 5

11. 以下哪一项关于 P/O 比值的叙述是错误的   （   ）
    A. 每消耗 1 摩尔氧原子所消耗无机磷的摩尔数
    B. 离体线粒体实验测定琥珀酸 P/O 比值是 1.8
    C. 每消耗 1/2 摩尔氧分子能生成的 ATP 的摩尔数
    D. 测定某底物的 P/O 比值,可推断其偶联部位
    E. 维生素 C 通过 Cyt c 进入呼吸链,其 P/O 比值约为 2

12. 在离体线粒体中测得一底物的 P/O 比值为 1.8,该底物脱下的氢最可能在下列哪一
    部位进入呼吸链   （   ）
    A. NADH   B. 复合体Ⅲ   C. Cyt c
    D. 复合体Ⅱ   E. 复合体Ⅳ

13. 下列关于抑制剂作用的描述错误的是   （   ）
    A. 寡霉素是属于 ATP 合酶抑制剂
    B. 二硝基苯酚为解偶联剂
    C. 抗霉素 A 属于 ATP 合酶抑制剂
    D. 鱼藤酮是呼吸链抑制剂
    E. CN^- 抑制了细胞色素 C 氧化酶

14. 下列哪种是解偶联剂   （   ）
    A. 二硝基苯酚   B. 氰化物   C. 抗霉素 A
    D. 阿米妥   E. 鱼藤酮

15. 影响氧化磷酸化的主要激素是   （   ）
    A. 胰岛素   B. 胰高血糖素   C. 生长素
    D. 肾上腺素   E. 甲状腺素

16. 人体生理活动的直接能量供给者是   （   ）

A. 葡萄糖 　　　　　　B. 脂肪酸 　　　　　　C. ATP

D. ADP 　　　　　　　E. 乙酰 CoA

17. 肌肉和脑中能量的主要贮存形式是 （　　）

A. ATP 　　　　　　　B. GTP 　　　　　　　C. 磷酸肌酸

D. CTP 　　　　　　　E. UTP

18. 下列化合物中不含有高能磷酸键的是 （　　）

A. 磷酸肌酸 　　　　　B. ADP 　　　　　　　C. UTP

D. 琥珀酰 CoA 　　　　E. 磷酸烯醇式丙酮酸

19. 胞液中的 NADH＋H⁺ 经苹果酸-天冬氨酸穿梭进入线粒体进行氧化磷酸化,生成几

分子 ATP （　　）

A. 1 　　　　　　　　　B. 1.5 　　　　　　　C. 2.5

D. 4 　　　　　　　　　E. 5

20. 关于加单氧酶的描述错误的是 （　　）

A. 又称为羟化酶

B. 主要存在于线粒体中

C. 需要 Cyt P_{450} 的参与

D. 在肝脏和肾上腺的微粒体中含量最多

E. 参与了生物转化过程

21. 混合功能氧化酶（加单氧酶）的辅酶是 （　　）

A. NAD⁺ 　　　　　　　B. NADPH＋H⁺ 　　　　C. NADH＋H⁺

D. FMNH₂ 　　　　　　E. VitB₆

22. 氧化磷酸化进行的部位是 （　　）

A. 内质网 　　　　　　B. 溶酶体 　　　　　　C. 线粒体内膜

D. 过氧化酶体 　　　　E. 高尔基复合体

23. 能直接与氧反应的细胞色素是 （　　）

A. Cyt b 　　　　　　　B. Cyt aa₃ 　　　　　　C. Cyt c

D. Cyt c₁ 　　　　　　E. Cyt P_{450}

24. 能发生底物水平磷酸化的反应有 （　　）

A. 1,3-二磷酸甘油酸→3-磷酸甘油酸

B. 磷酸烯醇式丙酮酸→丙酮酸

C. 琥珀酰 CoA→琥珀酸

D. 以上都不是

E. 以上 A、B、C 都是

二、填空题：

1. 呼吸链组成中四种酶的名称分别是_____、_____、_____和_____。

2. 黄素蛋白类的辅基主要是_____和_____。

3. 细胞色素是以为辅基的结合蛋白质,参与构成呼吸链中递电子体的细胞色素主要有

_____、_____、_____、_____、_____,其中细胞色素与_____、_____不

易分开,而只能以复合物形式存在。

4.线粒体内的两条呼吸链为_____呼吸链和_____呼吸链。生物氧化中大多数底物脱下来的氢进入_____呼吸链。

5.氧化磷酸化的 3 个偶连部位为_____、_____和_____。

6.体内生成 ATP 的两种方式是_____和_____。

7.P/O 比值是指_____。经测定,$NADH+H^+$ 氧化呼吸链传递一对氢生成水时的 P/O 比值近似为_____,而 $FADH_2$ 氧化呼吸链传递一对氢生成水时的 P/O 比值又为_____。

8.ADP/ATP 比值增大则氧化磷酸化反应速度_____(加快或减慢)。

9.甲状腺素能使 ATP 合成_____(加快或减慢),分解_____(加快或减慢),因此甲亢患者的基础代谢率增高。

10.CO(一氧化碳)中毒的机理是_____和_____;鱼藤酮抑制电子由_____向_____的传递;抗霉素 A 抑制电子由_____向_____传递。

11.胞液中的 $NADH+H^+$,进入线粒体的方式主要有_____和_____两种。

12.过氧化物酶体处理或利用 H_2O_2 的酶主是_____和_____。

三、名词解释:

1.呼吸链　　　　　　　2.氧化磷酸化　　　　　3.底物水平磷酸化
4.P/O 比值　　　　　　5.超氧化物歧化酶　　　6.生物氧化

四、简答题:

1.请写出体内的两条呼吸链的组成及电子传递顺序,并比较其有何差异。
2 试述氧化磷酸化的影响因素。

参考答案

一、单项选择题

1.D　2.C　3.D　4.A　5.D　6.C　7.D　8.E　9.D　10.B
11.E　12.D　13.C　14.A　15.E　16.C　17.C　18.D　19.C　20.B
21.B　22.C　23.B　24.E

二、填空题:

1.NADH-泛醌还原酶　琥珀酸-泛醌还原酶　泛醌-细胞色素 C 还原酶　细胞色素 C 氧化酶

2.FMN(黄素单核苷酸)　FAD(黄素腺嘌呤二核苷酸)

3.铁卟啉　a　a_3　b　c　c_1(顺序可颠倒)　a　a_3

4.NADH 氧化　琥珀酸氧化　NADH 氧化

5.NADH-CoQ　CoQ-Cytc　Cyt aa_3-O_2

6.氧化磷酸化　底物水平磷酸化

7.每消耗一摩尔氧原子所消耗无机磷酸的摩尔数　2.5　1.5

8.加快

9.加快　加快

10.抑制细胞色素 C 氧化酶　CO 与血红蛋白亲和力较 O_2 与血红蛋白亲和力高　$NADH+H^+$　CoQ　Cyt b(细胞色素 b)　Cyt c(细胞色素 c)

11.苹果酸-天冬氨酸穿梭　α-磷酸甘油穿梭

12.过氧化氢酶　过氧化物酶

三、名词解释：

1.在线粒体内膜上代谢物脱下来的氢,通过多种酶和辅酶所组成的电子传递链逐步传递,使之最终传递给氧结合成水,同时伴有能量的产生。这种由递氢体和递电子体按一定顺序排列构成的连锁反应体系与细胞摄取氧的呼吸过程密切相关,故称为呼吸链。

2.线粒体内呼吸链将代谢物脱下的氢和电子传递给氧生成水的过程中逐步释放能量并被 ADP 捕获发生磷酸化生成 ATP 的过程称为氧化磷酸化,是体内能量生成的主要方式。

3.指在体内某些代谢途径中,代谢物发生脱氢或脱水反应后,分子中各原子上的能量重新排布形成高能键,可转移给 ADP 使之生成 ATP 的过程称为底物水平磷酸化,是体内能量生成的另一种方式。

4.指每消耗一摩尔氧原子所需的无机磷酸的摩尔数,据此可推测出生成 ATP 的个数。

5.又称为 SOD,是人体内清除超氧化物阴离子(O_2^-)的主要酶。在其催化下 O_2 与 H^+ 作用使一个 O_2^- 被氧化为 O_2,另一个 O_2^- 还原为 H_2O_2,一方面清除 O_2^- 同时又是生成 H_2O_2 的重要酶,是体内的一种重要的抗氧化作用的金属酶。

6.营养物质在生物体内氧化分解逐步释放能量,最终生成二氧化碳和水的过程。

四、简答题：

1.答:1)NADH 氧化呼吸链:NADH→FMN→CoQ→b→c_1→c→aa_3→O_2

2)FADH$_2$ 氧化呼吸链:琥珀酸→FAD→CoQ→b→c_1→c→aa_3→O_2

二者的差异表现在:①起始物的不同;②呼吸链的长短不同;③氧化反应与磷酸化反应的偶联部位不同。

2.答:影响因素主要有:

(1)ADP 和 ATP 的调节:①ADP/ATP 比值增加则氧化磷酸化过程增快;②ADP/ATP 比值降低则氧化磷酸化过程减慢。

(2)甲状腺素的调节:甲状腺素可激 Na^+,K^+-ATP 酶,使 ATP 水解增快,使 ADP 增加,导致 ADP/ATP 比值增大促进氧化磷酸化过程。

3.答:氧化磷酸化的抑制剂:(1)呼吸链抑制剂。阿米妥和鱼藤酮可抑制或切断由 NADH 脱氢酶氧化底物产生的氢进入呼吸链;抗霉素 A 抑制电子从 Cyt b 向 Cyt c 的传递;H_2S、CO 和 CN-抑制细胞色素氧化酶使电子不能传递给氧。

(2)解偶联剂。2,4-二硝基酚不能抑制电子的传递,但能抑制 ADP 磷酸化生成 ATP 使氧化产生的能量以自由能的形式释放。

(3)磷酸化抑制剂:如寡霉素可与 ATP 合酶亚基结合阻止 H^+ 的回流,使磷酸化过程受阻,从而抑制氧化磷酸化。

（张正）

第八章 氨基酸代谢

学习要求

1.掌握:谷丙转氨酶与谷草转氨酶的作用及意义、联合脱氨基作用;氨的转运、鸟氨酸循环概念、过程及意义;一碳单位的概念及其生物学意义、SAM 的作用。

2.熟悉:必需氨基酸的概念和种类;一碳单位的生成、转变;苯丙氨酸、酪氨酸转变的生理活性物质及缺乏症;组胺、γ-氨基丁酸、多胺、5-羟色胺的生成。

3.了解:蛋白质营养的重要性、需要量、营养价值;蛋白质的消化、吸收、腐败过程。

知识概要

一、蛋白质的生理功能和营养价值

(一)蛋白质的生理功能

蛋白质的生理功能具体体现在三个方面:维持组织细胞的生长、更新和修补;参与重要的生理活动;氧化供能。

(二)蛋白质的营养价值

有 8 种氨基酸人体自身不能合成而必须由食物供应,它们是:色氨酸、赖氨酸、甲硫氨酸、苏氨酸、缬氨酸、苯丙氨酸、异亮氨酸、亮氨酸,称为营养必需氨基酸。其余 12 种氨基酸在体内可以合成,不一定需要食物供应,称为营养非必需氨基酸。蛋白质的营养价值是指膳食蛋白质的质与量。一般来说,含有必需氨基酸的种类多和数量足的蛋白质,营养价值高;反之营养价值低。

二、蛋白质的消化与吸收

蛋白质消化过程中,有一小部分蛋白质不被消化,也有一小部分消化产物不被吸收。肠道细菌对这部分蛋白质及其消化产物所起的作用,称为腐败作用。腐败作用的大多数产物对人体有害,但也可以产生少量脂肪酸及维生素等,可被机体利用。

三、氨基酸的一般代谢

(一)氨基酸的脱氨基作用

氨基酸分解代谢的最主要反应是脱氨基作用。脱氨基作用是指氨基酸脱去 α-氨基生成相应 α-酮酸的过程。脱氨基的方式主要有转氨基、氧化脱氨基、联合脱氨基,其中以联合脱氨基为最主要。

(二)α-酮酸的代谢

各种因素氨基酸脱氨基后生成的 α-酮酸可以进一步代谢,主要有以下三个方面的代谢途径:

1.α-酮酸可彻底氧化分解并提供能量;

2.α-酮酸经氨基化生成营养非必需氨基酸;

3. α-酮酸可转变成糖及脂类化合物。

四、氨的代谢

(一)体内氨的来源

体内氨有三种主要来源,即各组织器官中氨基酸及胺分解产生的氨;肠道吸收的氨;肾小管上皮细胞分泌的氨。

(二)氨的转运

氨是有毒物质,各组织产生的氨以无毒的方式经血液运输到肝合成尿素,或运至肾以铵盐形式随尿排出。氨在血液中主要以丙氨酸及谷氨酰胺两种形式运输。

(三)尿素的生成

正常情况下体内的氨主要在肝中合成尿素而解毒;只有少部分氨在肾以铵盐形式由尿排出。

1. 鸟氨酸循环学说:尿素生成的过程由 Hans Krebs 和 Kurt Henseleit 提出,称为鸟氨酸循环(orinithine cycle),又称尿素循环(urea cycle)或 Krebs-Henseleit 循环。

2. 鸟氨酸循环详细步骤

(1)NH_3、CO_2 和 ATP 缩合生成氨基甲酰磷酸,反应在线粒体中进行;

(2)氨基甲酰磷酸与鸟氨酸反应生成瓜氨酸,反应在线粒体中进行,瓜氨酸生成后进入胞液;

(3)瓜氨酸与天冬氨酸反应生成精氨酸代琥珀酸,反应在胞液中进行;

(4)精氨酸代琥珀酸裂解生成精氨酸和延胡索酸,反应在胞液中进行;

(5)精氨酸水解释放尿素并再生成鸟氨酸,反应在胞液中进行。

3. 鸟氨酸循环的意义

肝通过鸟氨酸循环可以清除血氨,解除氨毒。尿素合成障碍可引起高血氨症与氨中毒。

五、个别氨基酸的代谢

(一)氨基酸的脱羧基作用

氨基酸的脱羧基作用产生特殊的胺类化合物。催化这些反应的是氨基酸脱羧酶(辅酶是磷酸吡哆醛)。

(二)一碳单位的代谢

1. 概念:某些氨基酸在分解代谢过程中产生的含有一个碳原子的基团,称为一碳单位。

2. 载体:四氢叶酸作为一碳单位的运载体参与一碳单位代谢,一碳单位通常是结合在 FH_4 分子的 N_5、N_{10} 位上。

3. 来源:由氨基酸产生的一碳单位可相互转变,一碳单位主要来源于丝氨酸、甘氨酸、组氨酸及色胺酸的分解代谢。

4. 作用:一碳单位的主要功能是参与嘌呤、嘧啶的合成,把氨基酸代谢和核酸代谢联系起来。

(三)含硫氨基酸的代谢

把甲硫氨酸通过各种转甲基作用生成多种含甲基的重要生理活性物质。甲硫氨酸转甲基作用与甲硫氨酸循环有关,S-腺苷甲硫氨酸(SAM)为体内甲基的直接供体,称为活性甲硫氨酸。两个半胱氨酸的—SH 之间可产生二硫键(—S—S—),二硫键是维持蛋白质空间结构的重要化学键,常常是一些酶、蛋白质的活性基团。半胱氨酸及其他含硫氨基酸氧化分解后产生硫酸,其中大部分随尿排出体外。少部分经消耗 ATP 活化生成 PAPS,用于肝脏生物转化。

(四)芳香族氨基酸的代谢

1.苯丙氨酸的代谢:苯丙氨酸主要代谢途径是经羟化作用,生成酪氨酸,催化此步反应的酶是苯丙氨酸羟化酶。体内苯丙氨酸羟化酶缺陷,苯丙氨酸不能正常转变为酪氨酸,苯丙氨酸经转氨基作用生成苯丙酮酸、苯乙酸等,并从尿中排出,称为苯丙酮酸尿症。

2.酪氨酸转变为儿茶酚胺和黑色素或彻底氧化分解

代谢途径一:酪氨酸→多巴→多巴胺→去甲肾上腺素→肾上腺素。酪氨酸羟化酶是儿茶酚胺合成的限速酶。帕金森病患者,多巴胺生成减少。

代谢途径二:在酪氨酸酶的催化下,酪氨酸→多巴→多巴醌→→吲哚醌→黑色素。人体缺乏酪氨酸酶,黑色素合成障碍,称为"白化病"。

代谢途径三:酪氨酸在酪氨酸转氨酶催化下,酪氨酸→对羟苯丙酮酸→尿黑酸→→→延胡索酸和乙酰乙酸。体内代谢尿黑酸的酶先天缺陷时,尿黑酸分解受阻,可出现尿黑酸尿症。

练习题

一、单项选择题

1.有关氮平衡正确的叙述是: 　　　　　　　　　　　　　　　　(　)

　　A.氮的正平衡,氮的负平衡均见于正常人

　　B.氮的总平衡常见于儿童

　　C.氮的总平衡多见于健康的孕妇

　　D.氮平衡实质上是表示每日氨基酸进出人体的量

　　E.每日摄入的氮量少于排出的氮量为氮的负平衡

2.关于 CPS 的叙述,下列哪项是错误的 　　　　　　　　　　　　(　)

　　A.CPS-Ⅰ位于肝细胞线粒体内

　　B.CPS-Ⅱ位于胞质中

　　C.CPS-Ⅰ参与尿素合成

　　D.CPS-Ⅱ参与嘌呤核苷酸的合成. E. N-乙酰谷氨酸(AGA)可活化 CPS-Ⅰ

3.按照氨中毒学说,肝昏迷是由于 NH_3 引起脑细胞: 　　　　　　(　)

　　A.磷酸戊糖途径受阻　　　　B.尿素合成障碍　　　　　　C.三羧酸循环减慢

　　D.糖酵解减慢　　　　　　　E.脂肪堆积

4.我国营养学会推荐的成人每天蛋白质的需要量为: 　　　　　　(　)

　　A.20g　　　　　　　　　　B.30～50g　　　　　　　C.60～70g

　　D.80g　　　　　　　　　　E.正常人体处于氮平衡,所以无需补充

5.在氨基酸转氨基过程中,不会产生: 　　　　　　　　　　　　(　)

　　A.α-酮酸　　　　　　　　　B.NH_3　　　　　　　　　C.氨基酸

　　D.磷酸吡哆胺　　　　　　　E.磷酸吡哆醛

6. 下列与蛋白质代谢无关的循环是：　　　　　　　　　　　　　　　（　　）

    A. 蛋氨酸循环　　　　　　　B. 鸟氨酸循环　　　　　　C. 柠檬酸-丙酮酸循环

    D. 三羧酸循环　　　　　　　E. 嘌呤核苷酸循环

7. 临床上对高血氨病人做结肠透析时常用：　　　　　　　　　　　　（　　）

    A. 弱碱性透析液　　　　　　B. 弱酸性透析液　　　　　　C. 强碱性透析液

    D. 强酸性透析液　　　　　　E. 中性透析液

8. 脑中氨的主要去路是：　　　　　　　　　　　　　　　　　　　（　　）

    A. 合成氨基酸　　　　　　　B. 合成谷氨酰胺　　　　　　C. 合成尿素

    D. 合成嘌呤　　　　　　　　E. 扩散入血

9. 下列哪类氨基酸完全是必需氨基酸？　　　　　　　　　　　　　（　　）

    A. 芳香族氨基酸　　　　　　B. 含硫氨基酸　　　　　　　C. 碱性氨基酸

    D. 脂肪族氨基酸　　　　　　E. 支链氨基酸

10. 丙氨酸-葡萄糖循环在肌肉和肝细胞内均利用了：　　　　　　　　（　　）

    A. GOT　　　　　　　　　　B. GPT　　　　　　　　　C. PFK

    D. 精氨酸代琥珀酸裂解酶　　　　　　E. 腺苷酸代琥珀酸裂解酶

11. 下列哪种氨基酸可以参与生物转化作用？　　　　　　　　　　　（　　）

    A. 甘氨酸　　　　　　　　　B. 谷氨酸　　　　　　　　　C. 酪氨酸

    D. 色氨酸　　　　　　　　　E. 丝氨酸

12. 氨基酸→亚氨基酸→酮酸＋氨，此反应过程称为：　　　　　　　（　　）

    A. 联合脱氨基作用　　　　　B. 嘌呤核苷酸循环　　　　　C. 脱水脱氨基作用

    D. 氧化脱氨基作用　　　　　E. 转氨基作用

13. 食物蛋白质的互补作用是指：　　　　　　　　　　　　　　　　（　　）

    A. 几种蛋白质混合食用，提高营养价值

    B. 糖与蛋白质混合食用，提高营养价值

    C. 糖、脂肪和蛋白质混合食用提高营养价值

    D. 用糖、脂肪代替蛋白质营养作用

    E. 脂肪与蛋白质混合食用，提高营养价值

14. 与运载一碳单位有关的维生素是：　　　　　　　　　　　　　　（　　）

    A. 泛酸　　　　　　　　　　B. 尼克酰胺　　　　　　　　C. 生物素

    D. 维生素 B_2　　　　　　　E. 叶酸

15. 丙氨酸-葡萄糖循环中产生的葡萄糖分子来自于：　　　　　　　（　　）

    A. 丙氨酸

    B. 肝细胞内的 α-酮戊二酸

    C. 肝细胞内的谷氨酸

    D. 肌肉内的 α-酮戊二酸

    E. 肌肉中的谷氨酸

16. 下列哪种氨基酸经脱羧基后生成的产物能使血管舒张？　　　　　（　　）

    A. 谷氨酸　　　　　　　　　B. 瓜氨酸　　　　　　　　　C. 精氨酸

    D. 色氨酸　　　　　　　　　E. 组氨酸

17. 在嘌呤核苷酸循环中，接受天冬氨酸的 $\alpha\text{-NH}_2$ 的物质是： （　）

A. ADP　　　　　　　B. AMP　　　　　　　C. GMP

D. IMP　　　　　　　E. XMP

18. 人体内必需的含硫氨基酸是： （　）

A. Cys　　　　　　　B. Leu　　　　　　　C. Met

D. Val　　　　　　　E. 胱氨酸

19. FH_4 合成受阻时，除了影响蛋白质的合成外，还可迅速影响下列哪种物质的合成？

（　）

A. DNA　　　　　　　B. 胆固醇酯　　　　　　C. 磷脂

D. 糖　　　　　　　E. 二磷脂酰甘油

20. 在 FH_4 中，除 N_5 外下列选项中哪一项还能结合一碳单位？ （　）

A. N_1　　　　　　　B. N_3　　　　　　　C. C_7

D. N_8　　　　　　　E. N_{10}

21. 尿素合成中，能穿出线粒体进入胞质继续进行反应的是： （　）

A. Arg　　　　　　　B. Asp　　　　　　　C. 氨基甲酰磷酸

D. 瓜氨酸　　　　　　E. 鸟氨酸

22. 氨基酸彻底分解的产物是： （　）

A. CO_2, 胺　　　　　B. CO_2, 氨　　　　　C. CO_2, 水, 尿素

D. 肌酸酐, 肌酸　　　　E. 尿酸

23. 肾脏分泌的 NH_3 是血氨的来源之一，其中的氨来自： （　）

A. Gln 的分解　　　　　B. Gly 的脱氨基作用　　　C. 胺类物质的分接

D. 丙氨酸-葡萄糖循环　　E. 尿素的水解

24. 下列哪种一碳单位不能通过氧化还原而转变成其他一碳单位？ （　）

A. N_5-甲基四氢叶酸　　B. N_5, N_{10}-甲炔四氢叶酸　　C. N_5, N_{10}-甲烯四氢叶酸

D. N_{10}-甲酰四氢叶酸　　E. N_5-亚氨甲基四氢叶酸

25. 生物体内氨基酸脱氨基作用的主要方式是： （　）

A. 还原脱氨基作用　　　B. 联合脱氨基作用　　　C. 氧化脱氨基作用

D. 直接脱氨基作用　　　E. 转氨基作用

26. 在尿素的合成过程中，氨基甲酰磷酸： （　）

A. 不是高能化合物

B. 合成过程并不耗能

C. 是 CPS-Ⅰ 的别构激活剂

D. 由 CPS-Ⅱ 催化合成

E. 在线粒体内合成

27. 下列哪组维生素参与联合脱氨基作用 （　）

A. $VitB_1$, $VitB_2$　　　B. $VitB_1$, $VitB_6$　　　C. $VitB_2$, 叶酸

D. $VitB_6$, VitPP　　　　E. $VitB_6$, 泛酸

28. 关于腐败作用叙述错误的是： （　）

A. 腐败作用产生的多是有害物质

B. 是细菌对蛋白质或蛋白质消化产物的作用

C. 主要在大肠进行

D. 主要是氨基酸脱羧基、脱氨基的分解作用

E. 以上都不正确

29. 体内最重要的甲基直接供体是： （ ）

A. N_5-甲基四氢叶酸   B. N_5,N_{10}-甲炔四氢叶酸   C. N_5,N_{10}-甲烯四氢叶酸

D. N_{10}-甲酰四氢叶酸   E. S-腺苷甲硫氨酸

30. 关于氨基甲酰磷酸的叙述,下列哪项是错误的? （ ）

A. N-乙酰谷氨酸可促进其合成

B. 不能透过线粒体内膜

C. 含有高能磷酸键

D. 可以在胞液中合成

E. 仅在线粒体内合成

31. 糖、脂肪与氨基酸三者代谢的交叉点是： （ ）

A. 丙酮酸   B. 琥珀酸   C. 磷酸烯醇式丙酮酸

D. 延胡索酸   E. 乙酰辅酶 A

32. 丙氨酸和 α-酮戊二酸经 ALT 和下列哪一种酶的连续作用才能产生游离的氨（ ）

A. β-酮戊二酸脱氢酶   B. L-谷氨酸脱氢酶   C. 谷氨酰胺合成酶

D. 谷氨酰胺酶   E. 谷草转氨酶

33. 在尿素循环的过程中,除氨基甲酰磷酸的合成耗能外,产生下列哪种物质的合成步骤也需要耗能 （ ）

A. 瓜氨酸   B. 精氨酸   C. 精氨酸代琥珀酸

D. 尿素   E. 延胡索酸

34. 在三羧酸循环和鸟氨酸循环中存在的共同中间循环物为： （ ）

A. β-酮戊二酸   B. 草酰乙酸   C. 琥珀酸

D. 柠檬酸   E. 延胡索酸

35. 人体由氨基酸库中摄取氨基酸总量最多的组织器官是： （ ）

A. 肝脏   B. 肌肉组织   C. 脑组织

D. 脾脏   E. 肾脏

二、填空题

1. 氮平衡有三种,分别是氮的总平衡、_____、_____,当摄入氮＞排出氮时称为_____。

2. 体内必需氨基酸有 9 种,分别是:苏氨酸、亮氨酸、_____、_____、_____、_____、色氨酸、赖氨酸、组氨酸。

3. 氨基酸的脱氨基的方式包括_____,_____,_____,_____。

4. 心肌组织中含量最高的转氨酶是_____,肝脏组织中含量最高的转氨酶是_____。

5. 氨基酸转氨酶的辅酶是_____,氨基酸脱羧酶的辅酶是_____。

6. L-谷氨酸脱氢酶的辅酶是_____或_____,ADP 和 GDP 是该酶的变构激活剂,_____和_____是该酶的变构抑制剂。

7. 在肝、肾组织中氨基酸脱氨基作用的主要方式是_____,而肌肉组织中氨基酸脱氨基作用的主要方式是_____。

8. 生糖兼生酮氨基酸包括异亮氨酸,苯丙氨酸,_____,_____,_____。生酮氨基酸有_____和_____。

9. 血液中转氨的两种方式是_____和_____。

10. 鸟氨酸循环又称为_____或_____。

11. 肝细胞参与合成尿素的两个亚细胞部位是_____和_____。

12. 肝细胞参与合成的尿素分子中碳元素来自_____,第一个氮元素直接来自于_____,第二个氮元素直接来自于_____,每合成一分子尿素消耗_____个高能磷酸键。

13. 谷氨酸脱羧基后生成_____,该物质是抑制性神经递质,_____脱羧基后生成组胺,其具有舒张血管的作用。

14. 可以产生一碳单位的氨基酸有_____,_____,_____,_____。

15. 甲硫氨酸循环中产生活性甲基的供体是_____,甲硫氨酸合成的辅酶是_____,若缺乏该物质是可导致_____。

16. 体内活性硫酸根的形式是_____。

17. 当先天缺乏_____酶时可引起苯丙酮尿症(PKU),而人体若缺乏_____酶时可引起白化病。

18. 酪氨酸代谢可产生的生理活性物质有_____、_____和_____。

19. 鸟氨酸循环的关键酶是_____,多胺合成的关键酶是_____,儿茶酚胺合成的关键酶是_____。

20. 肠道氨吸收与肾分泌氨均受酸碱度的影响,当肠道 pH 偏_____时氨的吸收增加;尿液 pH 偏_____时有利于氨的分泌与排泄。

三、名词解释

1. 必需氨基酸　　　　2. 蛋白质腐败作用　　　　3. 联合脱氨基作用

4. 转氨基作用　　　　5. 氧化脱氨基作用　　　　6. 鸟氨酸循环

7. 一碳单位

四、简答题

1. 简述谷氨酸在体内彻底氧化分解生成水、二氧化碳和尿素的代谢过程。

2. 简述叶酸、维生素 B_{12} 缺乏产生巨幼红细胞性贫血的生化机制。

3. 简述苯丙氨酸和酪氨酸在体内的分解代谢及常见的代谢疾病。

4. 简述天冬氨酸在体内转变成葡萄糖的主要代谢过程。

5. 试述什么叫做鸟氨酸循环及其基本过程与生理意义。

6. 试述维生素 B_6 在氨基酸代谢中的作用。

参考答案

一、单选题.

1.E　2.D　3.C　4.D　5.B　6.C　7.B　8.B　9.E　10.B

11.D　12.D　13.A　14.E　15.B　16.E　17.D　18.C　19.A　20.E

21.D　22.C　23.A　24.A　25.B　26.E　27.D　28.E　29.E　30.E

31.E　32.B　33.C　34.E　35.B

二、填空题

1.氮的正平衡　氮的负平衡　氮的正平衡

2.苯丙氨酸　甲硫氨酸(蛋氨酸)　缬氨酸　异亮氨酸

3.氧化脱氨基作用　转氨基作用　联合脱氨基作用　嘌呤核苷酸循环联合脱氨基作用

4.天冬氨酸氨基转移酶(AST)或谷草转氨酶(GOT)　丙氨酸氨基转氨酶(ALT)或谷丙转氨酶(GPT)

5.VitB$_6$　VitB$_6$

6.NAD$^+$　NADP$^+$　ATP　GTP

7.联合脱氨基作用　嘌呤核苷酸循环

8.苏氨酸　酪氨酸　色氨酸　亮氨酸　赖氨酸

9.丙氨基-葡萄糖循环　谷氨酰胺

10.尿素循环　Krebs-Henseleit 循环

11.线粒体　胞液

12.CO$_2$　NH$_3$　Asp(天冬氨酸)　4

13.GABA(γ-氨基丁酸)　His(组氨酸)

14.丝氨酸　甘氨酸　组氨酸　色氨酸

15.SAM(S-腺苷蛋氨酸)　VitB$_{12}$　巨幼红细胞性贫血。

16.PAPS(3′-磷酸腺苷-5′磷酸硫酸)

17.苯丙氨酸羟化　酪氨酸

18.儿茶酚胺类激素　黑色素　甲状腺素

19.精氨酸代琥珀酸合成酶　鸟氨酸酶脱羧酶　酪氨酸羟化酶

20.碱　酸

三、名词解释

1.营养必需氨基酸：人体内必需，但又不能自身合成，必须由食物供给的氨基酸就称为营养必需氨基酸，包括：苏氨酸、蛋氨酸、缬氨酸、亮氨酸、异亮氨酸、赖氨酸、苯丙氨酸、色氨酸、组氨酸。

2.蛋白质腐败作用：在食物的消化过程中，一部分蛋白质未被消化，一部分消化产物未被吸收，肠道细菌对这部分蛋白质及消化产物所起的作用就称为蛋白质腐败作用。

3.联合脱氨基作用：大部分组织中，转氨酶与 L-谷氨酸脱氢酶联合脱去氨基的过程，称为联合脱氨基作用。其过程是：氨基酸首先与 α-酮戊二酸在转氨酶的作用下，生成相应的 α-酮酸和谷氨酸，然后谷氨酸再经 L-谷氨酸脱氢酶的作用下脱去氨基生成 α-酮戊二酸。

4.转氨基作用:指在转氨酶的催化下,一种氨基酸的 α-氨基转移到另一种 α-酮酸的酮基,生成相应的氨基酸和 α-酮酸的过程称为转氨基作用。

5.氧化脱氨基作用:L-谷氨酸在 L-谷氨酸脱氢酶的作用下脱氢及脱氨基,从而生成氨和α-酮戊二酸的过程称为氧化脱氨基作用。

6.一碳单位:某些氨基酸在分解的过程中可以产生含有一个碳原子的基团,称为一碳单位。包括:甲基($-CH_3$)、甲烯基($=CH_2$)、甲炔基($\equiv CH$)、甲酰基($-CHO$)、亚氨甲基($-CH-NH_2$),其载体为四氢叶酸。

7.甲硫氨酸循环:甲硫氨酸经 SAM,S-腺苷同型半胱氨酸,同型半胱氨酸重新生成甲硫氨酸,形成一个循环,该过程就称为甲硫氨酸循环。

四、简答题.

1.答:L-谷氨酸$\longrightarrow$α-酮戊二酸$+NADH+H^++NH_3$

α-酮戊二酸$\longrightarrow$草酰乙酸$+CO_2+1\ FADH_2+3NADH+H^++ATP$

$FADH_2$氧化呼吸链　　　　　　　$NADH+H^+$氧化呼吸链

$NH_3+CO_2+ATP\rightarrow$氨基甲酰磷酸$\longrightarrow$尿素

2.答:叶酸在体内以四氢叶酸形式参与一碳单位基团的转运,若缺乏叶酸必然导致嘌呤或脱氧胸腺嘧啶核苷酸合成障碍,进而影响核酸与蛋白质的合成以及细胞增殖。维生素 B_{12}是甲硫氨酸合成酶的辅酶,若体内缺乏维生素 B_{12}会导致 $N_5-CH_2-FH_4$ 上的甲基不能转移,从而减少 FH_4 再生,亦影响细胞分裂,故可产生巨幼红细胞性贫血。

3.答:(1)苯丙氨酸:苯丙氨酸的主要分解代谢去路是经苯丙氨酸羟化酶催化生成酪氨酸,然后代谢,如果苯丙氨酸羟化酶缺乏,则苯丙氨酸经转氨基作用生成苯丙酮酸,后者可以一步生成苯乙酸,进而造成苯丙酮酸尿症。

(2)酪氨酸:①酪氨酸在肾上腺髓质和神经组织中可以在酪氨酸羟化酶的作用下生成多巴,然后再脱羧生成多巴胺,经羟化生成去甲肾上腺素,再经甲基化生成肾上腺素,成为神经递质或激素,脑组织中多巴胺生成减少可导致帕金森病。②酪氨酸在黑色素细胞中经酪氨酸酶催化生成多巴,再经氧化、脱羧等反应最后生成黑色素。酪氨酸酶先天缺乏可导致白化病。③酪氨酸在甲状腺中参与甲状腺素的生成。④酪氨酸在一般组织中可在酪氨酸转氨酶的作用下生成对羟苯丙酮酸,后转变为尿黑酸,在尿黑酸氧化酶作用卜进一步氧化分解可生成延胡索酸和乙酰乙酸,分别参与糖、脂、酮体的代谢,故苯丙氨酸和酪氨酸均为生糖兼生酮氨基酸。尿黑酸氧化酶缺乏可导致尿黑酸症。

4.答:天冬氨酸$+$α-酮戊二酸$\longrightarrow$草酰乙酸$+$谷氨酸

草酰乙酸$\longrightarrow$磷酸烯醇式丙酮酸$\longrightarrow$1,6 二磷酸果糖$\longrightarrow$葡萄糖

5.答:(1)鸟氨酸循环:指在肝脏内 NH_3 与 CO_2 通过鸟氨酸、瓜氨酸、精氨酸生成尿素的过程。其具体过程是:在肝脏内,氨与 CO_2 和 H_2O 在耗能的情况下,生成了氨基甲酰磷酸,后者再与鸟氨酸生成了瓜氨酸,瓜氨酸与天冬氨酸在精氨酸代琥珀酸合成酶的作用下,消耗能量生成精氨酸代琥珀酸,后者再裂解为延胡索酸和精氨酸,精氨酸再水解为鸟氨酸和尿素的过程。由于鸟氨酸在尿素生成过程中并未消耗,故称为鸟氨酸循环。通过此循环,2 分子的氨与 1 分子的 CO_2 和 3 分子 H_2O 生成了 1 分子的尿素,消耗 3 分子 ATP 上的 4 分子高能磷酸键。

（2）鸟氨酸循环的基本过程：①氨与 CO_2、H_2O 在肝细胞的线粒体内通过氨基甲酰磷酸合成酶-1-作用下消耗了 2 分子高能磷酸键后，生成氨基甲酰磷酸。②在肝细胞的线粒体内氨基甲酰磷酸与鸟氨酸在鸟氨酸氨甲酰基转移酶的作用下生成瓜氨酸。③生成的瓜氨酸到达胞液中在精氨酸代琥珀酸合成酶的作用下，与天冬氨酸消耗了 2 分子高能磷酸键后生成了精氨酸代琥珀酸，后者在其裂解酶的作用下生成延胡索酸和精氨酸。④生成的精氨酸在精氨酸酶的作用下水解鸟氨酸和尿素。

（3）生理意义：肝脏通过鸟氨酸循环后，可把大部分的血氨转变为无毒的尿素，经肾脏排出体外，故其生理意义主要是解除氨毒。

6.答：维生素 B_6 即吡哆醛，其以磷酸酯形式即磷酸吡哆醛作为氨基酸转氨酶和氨基酸脱羧酶的辅酶，在氨基酸转氨基作用和联合脱氨基作用中，磷酸吡哆醛是氨基传递体，参与氨基酸的脱氨基作用，同样也参与体内非必需氨基酸的生成。作为氨基酸脱羧酶的辅酶，磷酸吡哆醛参与各种氨基酸的脱羧基代谢，许多氨基酸脱羧基后产生具有生物活性的胺类，发挥主要的生理功能，如：谷氨酸脱羧基生成的 γ-氨基丁酸是一种重要的抑制性神经递质，临床上常用维生素 B_6 对小儿惊厥及妊娠呕吐进行辅助性治疗；半胱氨酸先氧化后脱羧可生成牛磺酸，后者是结合型胆汁酸的重要组成部分；组氨酸脱羧基后生成的组胺是一种强烈的血管扩张剂，参与炎症、过敏等病理过程并具有刺激胃蛋白酶和胃酸分泌的作用；色氨酸先羟化后脱羧生成 5-羟色胺，其在神经组织是一种抑制性神经递质，在外周组织具有收缩血管作用；由鸟氨酸脱羧后代谢生成的多胺是调节细胞生长、繁殖的重要物质。

（张正）

第九章 核苷酸代谢

学习要求

1.掌握:核苷酸从头合成途径的概念;脱氧核苷酸的生成;核苷酸抗代谢物的概念;核苷酸分解代谢;嘌呤核苷酸分解的终产物及其意义。

2.熟悉:嘌呤环从头合成的各元素来源,PRPP 的来源及其作用;嘧啶环从头合成的各元素来源,嘧啶核苷酸分解终产物;核苷酸补救合成途径的概念。

3.了解:核苷酸代谢概述;核苷酸的重要生理功能,核酸的消化与吸收;嘌呤核苷酸从头合成的过程;嘌呤核苷酸补救合成的过程;嘧啶核苷酸从头合成的过程;嘧啶核苷酸补救合成的过程;嘌呤和嘧啶核苷酸合成的反馈调节。

知识概要

一、嘌呤核苷酸的合成与分解代谢

(一)嘌呤核苷酸的合成代谢

1.从头合成途径:指机体利用磷酸核糖、氨基酸、一碳单位及二氧化碳等简单物质为原料,经过一系列反应,合成核苷酸的过程。是体内核苷酸合成的主要途径。

2.补救合成途径:利用体内现成的碱基或核苷为原料,经过相应磷酸核糖转移酶或核苷激酶催化,经简单反应,合成核苷酸的过程。该途径不是体内大部分组织细胞的合成核苷酸的主要过程,但却是骨髓和脑合成的主要方式。

(二)嘌呤核苷酸的分解代谢

嘌呤核苷酸分解后得到 1-磷酸核糖和嘌呤。其中嘌呤在体内最终分解为尿酸。抑制黄嘌呤氧化酶的活性,可导致尿酸的生成减少,从而使尿酸盐结晶形成受阻,可预防尿酸盐结晶所导致的相关疾病,特别是痛风症的发生。临床上使用别嘌呤醇治疗痛风症的基本原理就是通过竞争性抑制作用抑制黄嘌呤氧化酶的活性,使尿酸生成减少。

二、嘧啶核苷酸的合成与分解代谢

(一)嘧啶核苷酸的合成代谢

1.嘧啶核苷酸的从头合成途径

合成的基本部位主要在肝细胞的胞液,基本的原料是天冬氨酸、谷氨酰胺和 CO_2 等。UMP 可磷酸化为 UDP,再磷酸化为 UTP;同时在 UTP 的基础上可甲基化为 CTP。

2.嘧啶核苷酸的补救合成途径

(1)参与补救合成主要的酶:嘧啶磷酸核糖转移酶,尿苷激酶,胸苷激酶。

(2)生理意义:该途径可节约能量和基本原料的消耗;脑和骨髓合成嘧啶核苷酸主要方式。

(二)嘧啶核苷酸的分解代谢

嘧啶核苷酸分解后得到 1-磷酸核糖和嘧啶,嘧啶还可进一步地分解代谢。

三、核苷酸的抗代谢物

利用碱基、氨基酸和叶酸等类似物,通过竞争性抑制作用的基本原理,抑制核苷酸合成代谢的某些酶的活性,从而阻止核苷酸的生成,抑制核酸生成和细胞的增殖,这些物质称为核苷酸抗代谢物。

练习题

一、单项选择题

1. 天冬氨酸不参与下列哪个代谢过程　　　　　　　　　　　　　　(　)
   A. 嘌呤核苷酸从头合成
   B. ALT 催化的反应
   C. 尿素生成过程
   D. 嘧啶核苷酸从头合成
   E. AST 催化的反应

2. 磷酸戊糖途径为合成核苷酸提供　　　　　　　　　　　　　　(　)
   A. NADPH+H$^+$　　　　　B. 5-磷酸核酮糖　　　　　C. 5-磷酸木酮糖
   D. 5-磷酸核糖　　　　　　E. ATP

3. 在嘌呤核苷酸的从头合成途径,提供嘌呤环 N$_3$ 和 N$_9$ 的化合物是　　(　)
   A. Gln　　　　　　　　　B. Asp　　　　　　　　　C. Gly
   D. Ser　　　　　　　　　E. Glu

4. 在嘧啶核苷酸的从头合成途径,提供嘧啶环 N$_1$ 的化合物是　　　　(　)
   A. Gln　　　　　　　　　B. Asp　　　　　　　　　C. Gly
   D. Ser　　　　　　　　　E. Glu

5. 嘌呤核苷酸的转变中为 IMP 生成 GMP 提供氨基的是　　　　　(　)
   A. Asp　　　　　　　　　B. Gly　　　　　　　　　C. Gln
   D. Ser　　　　　　　　　E. Asn

6. 在嘌呤核苷酸的分解代谢中,人体内嘌呤的特异终产物是　　　　(　)
   A. 尿素　　　　　　　　　B. 尿酸　　　　　　　　　C. 肌酸
   D. β-丙氨酸　　　　　　　E. 肌酐

7. 别嘌呤醇治疗痛风的机理在于　　　　　　　　　　　　　　　(　)
   A. 可抑制黄嘌呤氧化酶
   B. 可抑制腺苷脱氨酶
   C. 可抑制尿酸氧化酶
   D. 可抑制鸟嘌呤脱氨酶
   E. 可抑制核苷酶

8. 在嘌呤核苷酸的从头合成途径,有 IMP 转变为 AMP 的过程中,提供氨基的物质是
   　　　　　　　　　　　　　　　　　　　　　　　　　　　(　)

  A. Gln   B. Asp   C. His

  D. Ser   E. Asn

9. 脱氧核糖核苷酸生成方式主要是   (   )

  A. 直接由核糖还原   B. 由核苷还原   C. 由三磷酸核苷还原

  D. 由二磷酸核苷还原   E. 由一磷酸核苷还原

10. 嘌呤核苷酸从头合成的特点是   (   )

  A. 先合成碱基,再与磷酸核糖相结合

  B. 直接利用现成的嘌呤碱基与 PRPP 结合

  C. 消耗较少能量

  D. 嘌呤核苷酸是在磷酸核糖的基础上逐步合成的

  E. 以上均对

11. 嘌呤环中来自 CO_2 的碳原子是   (   )

  A. C_2 B. C_4 C. C_5

  D. C_6 E. C_8

12. 可抑制磷酸核糖焦磷酸激酶活性的物质是   (   )

  A. ADP   B. Mg^{2+} C. PRPP

  D. ATP   E. Ca^{2+}

13. 人体内尿酸升高会导致什么疾病   (   )

  A. 尿毒症   B. 痛风   C. 贫血

  D. 糖尿病   E. 夜盲症

14. 在嘧啶环的合成中,氮原子直接来源于   (   )

  A. Asn 和 NH_3 B. Asp 和 Asn   C. Asp 和氨基甲酰磷酸

  D. Glu   E. Glu 和 NH_3

15. 嘧啶环中   (   )

  A. N_1 来自 Gln   B. N_3 来自 Gln   C. C_4 来自甲酰 FH_4

  D. C_5 来自 Glu   E. C_2 来自 Asp

16. 乳清酸尿症患者是由于缺乏   (   )

  A. 天冬氨酸转氨基甲酰酶

  B. 二氢乳清酸酶

  C. 乳清酸磷酸核糖转移酶或乳清酸核苷酸脱羧酶

  D. 二氢乳清酸脱氢酶

  E. 核苷酸磷酸化酶

17. 合成胸苷酸的直接前体是   (   )

  A. dCMP   B. dTDP   C. dUMP

  D. dCDP   E. dAMP

18. PRPP   (   )

  A. 参与嘌呤核苷酸从头合成途径

  B. 参与嘧啶核苷酸从头合成途径

  C. 参与嘌呤核苷酸补救合成途径

    D. 参与嘧啶核苷酸补救合成途径

    E. 以上 A 和 B 均对

19. 不参与嘌呤核苷酸合成的基本原料有   (   )

    A. CO_2、一碳单位   B. Asp、Gly   C. Gln

    D. 磷酸核糖   E. Asn 和 Ser

二、填空题：

1. 体内合成嘌呤环的原料是_____、_____、_____、_____及_____。

2. 合成嘌呤核苷酸时，首先生成 IMP，IMP 由_____提供氨基，脱去延胡索酸生成 AMP。

3. IMP 可以氧化为 XMP，再由_____提供氨基，生成 GMP。

4. 人体合成嘌呤核苷酸的主要部位是_____。

5. 人体内嘌呤分解代谢终产物是_____。

6. 嘧啶分解代谢终产物是_____、_____、_____。

三、名词解释

1. 嘌呤核苷酸的从头合成途径

2. 嘧啶核苷酸的补救合成途径

3. 核苷酸的抗代谢物

四、简答题

1. 简述嘌呤环上各原子的来源。

2. 简述嘧啶环上各原子的来源。

3. 试述 IMP 在体内转变为 GMP 和 AMP 的途径。

参考答案

一、单项选择题

1. B   2. D   3. A   4. B   5. C   6. B   7. A   8. B   9. D   10. D
11. D   12. A   13. B   14. C   15. B   16. C   17. C   18. E   19. E

二、填空题：

1. Gly   Asp   Gln CO_2 一碳单位

2. Asp

3. Gln

4. 肝脏

5. 尿酸

6. β-丙氨酸 NH_3 CO_2

三、名词解释

1. 指机体利用磷酸核糖、氨基酸、一碳单位及二氧化碳等简单物质为原料，经过一系列反应，合成嘌呤核苷酸的过程。

2. 是指利用体内现成的嘧啶碱基或嘧啶核苷为原料，经过嘧啶磷酸核糖转移酶或嘧啶核苷激酶等简单反应,合成嘧啶核苷酸的过程。

3.利用碱基、氨基酸和叶酸等类似物,通过竞争性抑制作用的基本原理,抑制核苷酸合成代谢的某些酶的活性,从而阻止核苷酸的生成,抑制核酸生成和细胞的增殖,这些物质称为核苷酸抗代谢物。

四、简答题

1.答:嘌呤环中 C_4、C_5、N_7 来源于 Gly;N_1 来源于 Asp;C_6 来源于 CO_2;C_2、C_8 来源于一碳单位;N_3、N_9 来源于 Gln。

2.答:嘧啶环中 C_2 来源于 CO_2;N_3 来源于 Gln;N_1、C_4、C_5、C_6 来源于 Asp。

3.答:(1)由 IMP —→ GMP 须经过 2 步反应:

①IMP＋NAD^+＋H_2O $\xrightarrow{\text{IMP 脱氢酶}}$ XMP＋NADH＋H^+

②XMP＋Gln $\xrightarrow{\text{GMP 合成酶}}$ GMP＋Glu(需 Mg^{2+} 及 ATP 作为辅基)

(2)由 IMP —→ AMP 须经过 2 步反应:

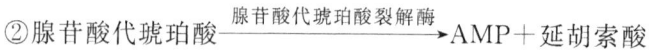

①IMP＋Asp $\xrightarrow{\text{腺苷酸代琥珀酸合成酶}}$ 腺苷酸代琥珀酸(需 Mg^{2+} 及 GTP 作为辅基)

②腺苷酸代琥珀酸 $\xrightarrow{\text{腺苷酸代琥珀酸裂解酶}}$ AMP＋延胡索酸

（张正）

第十章 肝的生物化学

学习要求

1. 掌握：生物转化作用的概念、特点及反应类型；胆红素的生成过程和两种胆红素理化性质的比较。

2. 熟悉：胆汁酸的分类；胆汁酸的代谢、肝肠循环和生理意义。

3. 了解：胆红素在肠道中的变化及胆素原的肝肠循环，血清胆红素及黄疸。

知识概要

一、肝脏的生物转化作用

（一）生物转化作用

机体对内、外源性非营养物质进行化学改造，提高其水溶性和极性，利于从尿液或胆汁排出，此称生物转化作用。

生物转化分两相反应，第一相反应包括氧化、还原和水解。第二相反应是结合反应，以葡萄糖醛酸基的结合最为重要和普遍。

二、胆汁与胆汁酸的代谢

（一）胆汁酸的分类

胆汁酸按来源分为初级胆汁酸与次级胆汁酸。初级胆汁酸合成于肝，包括胆酸与鹅脱氧胆酸。初级胆汁酸经肠菌作用生成次级胆汁酸，包括脱氧胆酸与石胆酸。胆汁酸按结构分为游离型胆汁酸与结合型胆汁酸。结合型胆汁酸是游离型胆汁酸与甘氨酸或牛磺酸在肝内结合的产物。

（二）胆汁酸的代谢

胆汁酸的肠肝循环使有限的胆汁酸库存反复利用，以满足脂类消化、吸收的需要。胆固醇 7α-羟化酶是胆汁酸合成的限速酶，与胆固醇合成的限速酶 HMG-CoA 还原酶一同受胆汁酸和胆固醇含量及某些激素的调节。胆汁酸除可促进脂类的消化与吸收，还可维持胆汁中胆固醇的溶解状态以抑制胆固醇结石形成。

三、胆色素代谢与黄疸

（一）胆色素的来源及生成

胆色素是铁卟啉类化合物的主要分解代谢产物。体内铁卟啉类化合物包括血红蛋白、肌红蛋白、细胞色素、过氧化氢酶和过氧化物酶等。

（二）胆红素的分类及两种胆红素理化性质的比较

胆红素在血液中主要与清蛋白结合而运输，此称游离胆红素，具有脂溶性、不能透过肾小球、有毒性、与重氮试剂呈间接反应等特点。游离胆红素可自由通透血窦面的肝细胞膜而被摄取。在肝细胞胞浆，胆红素与 Y 蛋白或 Z 蛋白（Y 蛋白为主）结合并转运至内质网，在此被结合转化成葡萄糖醛酸胆红素,此称结合胆红素,具有水溶性、能透过肾小球、无毒性、与重氮试剂呈直接反应等特点。结合胆红素经胆管排入小肠。在肠道中胆红素被还原成胆素原。大部分胆素原在肠道下段被氧化为黄褐色的胆素。约 $10\%\sim20\%$ 的胆素原被肠黏膜重吸收入肝,其中的大部分又以原形被重新排入肠道,形成胆素原的肠肝循环,另一小部分胆素原则经肾排入尿中。

(三)黄疸

任何原因引起胆红素生成过多和(或)肝摄取、转化、排泄胆红素发生障碍均可致高胆红素血症。大量的胆红素可扩散入组织造成黄染,称为黄疸。

练习题

一、单项选择题

1. 下列哪一种胆汁酸不是初级胆汁酸　　　　　　　　　　　　　　　　　　　(　　)

　　A. 甘氨胆酸　　　　　　　　B. 牛磺胆酸　　　　　　　C. 甘氨鹅脱氧胆酸

　　D. 牛磺鹅脱氧胆酸　　　　　E. 脱氧胆酸

2. 下列哪种氨基酸在肝内代谢不活跃　　　　　　　　　　　　　　　　　　(　　)

　　A. 酪氨酸　　　　　　　　　B. 亮氨酸　　　　　　　　C. 鸟氨酸

　　D. 苯丙氨酸　　　　　　　　E. 色氨酸

3. 肝内胆固醇的主要代谢去路是转变成　　　　　　　　　　　　　　　　　(　　)

　　A. 7α-胆固醇　　　　　　　B. 胆酰 CoA　　　　　　　C. 结合胆汁酸

　　D. 维生素 D_3　　　　　　　E. 胆色素

4. 肝脏在脂类代谢中所特有的作用是　　　　　　　　　　　　　　　　　　(　　)

　　A. 将糖转变为脂肪

　　B. 合成胆固醇

　　C. 生成酮体并在肝外利用

　　D. 合成磷脂

　　E. 改变脂酸的长度及饱和度

5. 下列哪种物质是肝细胞特异合成的　　　　　　　　　　　　　　　　　　(　　)

　　A. ATP　　　　　　　　　　B. 蛋白质　　　　　　　　C. 糖原

　　D. 尿素　　　　　　　　　　E. 脂肪

6. 饥饿时肝中哪个代谢途径的活性增强　　　　　　　　　　　　　　　　　(　　)

　　A. 磷酸戊糖途径　　　　　　B. 脂肪合成　　　　　　　C. 糖酵解

　　D. 糖有氧氧化　　　　　　　E. 糖异生

7. 血浆游离胆红素主要是与血浆中何种物质结合进行运输的　　　　　　　　(　　)

　　A. 清蛋白　　　　　　　　　B. 球蛋白　　　　　　　　C. 载脂蛋白

　　D. 配体蛋白　　　　　　　　E. 葡糖醛酸

8. 参与胆红素生成的有关酶是　　　　　　　　　　　　　　　　　　　　　(　　)

　　A. 过氧化物酶　　　　　　　B. 过氧化氢酶　　　　　　C. 乙酰转移酶

　　D. 血红素加氧酶　　　　　　E. 7α-羟化酶

9.下列哪种胆汁酸是次级胆汁酸　　　　　　　　　　　　　　　　　　（　　）

　　A.甘氨鹅脱氧胆酸　　　　　B.甘氨胆酸　　　　　　　C.牛磺鹅脱氧胆酸

　　D.脱氧胆酸　　　　　　　　E.牛磺胆酸

10.生物转化中最主要的第一相反应是　　　　　　　　　　　　　　　（　　）

　　A.水解反应　　　　　　　　B.还原反应　　　　　　　C.氧化反应

　　D.脱羧反应　　　　　　　　E.加成反应

11.生物转化中参与氧化反应最重要的酶是　　　　　　　　　　　　　（　　）

　　A.加单氧酶　　　　　　　　B.加双氧酶　　　　　　　C.水解酶

　　D.胺氧化酶　　　　　　　　E.醇脱氢酶

12.下列哪种物质在单核-吞噬系统细胞中生成　　　　　　　　　　　（　　）

　　A.胆红素　　　　　　　　　B.甲状腺素　　　　　　　C.石胆酸

　　D.胆汁酸　　　　　　　　　E.葡糖醛酸胆红素

13.肝是生成尿素的几乎唯一器官,是由于肝细胞含有　　　　　　　　（　　）

　　A.谷氨酸脱氢酶　　　　　　B.谷丙转氨酶　　　　　　C.CPS-Ⅱ

　　D.精氨酸酶　　　　　　　　E.谷草转氨酶

14.胆红素葡糖醛酸苷的生成需哪种酶参与　　　　　　　　　　　　　（　　）

　　A.葡糖醛酸基结合酶　　　　B.葡糖醛酸基转移酶　　　C.葡糖醛酸基脱氢酶

　　D.葡糖醛酸基水解酶　　　　E.葡糖醛酸基酯化酶

15.溶血性黄疸的特点是　　　　　　　　　　　　　　　　　　　　　（　　）

　　A.血中结合胆红素含量增高

　　B.血中胆素原剧减

　　C.尿中胆红素增加

　　D.游离胆红素浓度增高

　　E.粪便颜色变浅

16.下列哪组物质属于初级胆汁酸　　　　　　　　　　　　　　　　　（　　）

　　A.胆酸、脱氧胆酸

　　B.甘氨胆酸、石胆酸

　　C.牛磺胆酸、脱氧胆酸

　　D.甘氨鹅脱氧胆酸、牛磺鹅脱氧胆酸

　　E.石胆酸、脱氧胆酸

17.下列哪种物质是肠内细菌作用的产物　　　　　　　　　　　　　　（　　）

　　A.胆红素　　　　　　　　　B.鹅脱氧胆酸　　　　　　C.胆绿素

　　D.硫酸胆红素　　　　　　　E.胆素原

18.胆红素进入肝细胞后的主要存在形式是　　　　　　　　　　　　　（　　）

　　A.胆红素-清蛋白　　　　　 B.胆红素-Y蛋白　　　　　C.胆红素-Z蛋白

　　D.胆红素-脂蛋白　　　　　 E.游离胆红素

19.胆红素主要源于下列哪种物质的降解　　　　　　　　　　　　　　（　　）

　　A.血红蛋白　　　　　　　　B.肌红蛋白　　　　　　　C.过氧化物酶

　　D.过氧化氢酶　　　　　　　E.细胞色素

20. 生物转化第二相反应最常见的结合物是　　　　　　　　　　　（　　　）

  A. 乙酰基　　　　　　　B. 葡糖醛酸　　　　　　C. 谷胱甘肽

  D. 硫酸　　　　　　　　E. 甘氨酸

21. 关于胆汁酸盐的叙述哪一项是错误的　　　　　　　　　　　　（　　　）

  A. 它在肝由胆固醇合成

  B. 它为脂类消化吸收中的乳化剂

  C. 它能抑制胆固醇结石的形成

  D. 它是胆色素的代谢产物

  E. 它能经肠肝循环被重吸收

22. 下列对直接胆红素的叙述哪一项是错误的　　　　　　　　　　（　　　）

  A. 为胆红素葡糖醛酸二酯

  B. 水溶性较大

  C. 不易透过生物膜

  D. 不能通过肾脏随尿排出

  E. 与重氮试剂起反应的速度快,呈直接反应

23. 血糖浓度低时脑仍可摄取葡萄糖而肝则不能,其原因是大脑　　（　　　）

  A. 胰岛素的作用

  B. 己糖激酶的 K_m 低

  C. 葡萄糖激酶的 K_m 低

  D. 血-脑屏障在血糖低时不起作用

  E. 葡萄糖激酶的特异性

24. 肝细胞对胆红素生物转化的实质是　　　　　　　　　　　　　（　　　）

  A. 使胆红素与 Y 蛋白结合

  B. 使胆红素与 Z 蛋白结合

  C. 使胆红素的极性变小

  D. 增强胆小管膜上载体转运系统以有利于胆红素排泄

  E. 破坏胆红素分子内氢键并与葡糖醛酸结合,使极性增加利于排泄

25. 胆汁酸合成的限速酶是　　　　　　　　　　　　　　　　　　（　　　）

  A. 7α-羟化酶　　　　　　B. 12α-羟化酶　　　　　C. 胆酰 CoA 合成酶

  D. HMG-CoA 合酶　　　　E. HMG-CoA 还原酶

26. 结合胆红素是指　　　　　　　　　　　　　　　　　　　　　（　　　）

  A. 胆红素与血浆清蛋白结合

  B. 胆红素与血浆球蛋白结合

  C. 胆红素与肝细胞内 Y 蛋白结合

  D. 胆红素与肝细胞内 Z 蛋白结合

  E. 胆红素与葡糖醛酸结合

27. 肝脏进行生物转化时葡糖醛酸的活性供体是　　　　　　　　　（　　　）

  A. UDPGA　　　　　　　B. UDPG　　　　　　　C. ADPG

  D. CDPG　　　　　　　　E. CDPGA

28. 胆固醇结石与下列哪一种因素有关 （　　）
　　A. 胆盐浓度　　　　　　　B. 卵磷脂浓度　　　　　　C. 胆盐和卵磷脂的比例
　　D. 胆固醇难溶于水　　　　E. 以上都不是

29. 下列关于游离胆红素的叙述,正确的是 （　　）
　　A. 胆红素与葡糖醛酸结合
　　B. 水溶性较大
　　C. 易透过生物膜
　　D. 可通过肾脏随尿排出
　　E. 与重氮试剂呈直接反应

30. 胆汁中含量最多的有机成分是 （　　）
　　A. 胆色素　　　　　　　　B. 胆汁酸　　　　　　　　C. 胆固醇
　　D. 磷脂　　　　　　　　　E. 黏蛋白

31. 正常人类粪便中的主要色素是 （　　）
　　A. 粪胆素　　　　　　　　B. 尿胆素原　　　　　　　C. 胆红素
　　D. 血红素　　　　　　　　E. 胆绿素

32. 下列哪一项物质不能从尿中排除 （　　）
　　A. 尿胆素　　　　　　　　B. 游离胆红素　　　　　　C. 尿胆素原
　　D. 尿素　　　　　　　　　E. 结合胆红素

33. 肠道重吸收的胆色素为 （　　）
　　A. 硫酸胆红素　　　　　　B. 胆红素-清蛋白　　　　　C. 胆红素-配体蛋白
　　D. 胆红素葡萄糖醛酸酯　　E. 胆素原族

二、填空题

1. 肝脏生物转化作用的第一相反应包括_____,_____,_____。第二相反应是_____,最常见的是与_____结合。

2. 胆汁酸是胆固醇在体内代谢的主要产物,其生理功能是_____,_____。

3. 肝脏生物转化作用同时具有_____与_____的双重性。

4. 生物转化中活性葡萄糖的供体是_____,活性硫酸基的供体是_____。

5. 胆汁酸按存在形式可分为两大类,一类是_____,另一类是_____。

6. 体内游离胆汁酸包括_____、_____、_____和_____,二者可与_____或_____生成结合胆汁酸。

7. 肝细胞中运载胆红素的两种载体蛋白是_____和_____。

8. 溶血性黄疸时,血中_____胆红素升高,重氮试剂_____反应阳性,尿中_____胆红素。

9. 阻塞性黄疸时,血中_____胆红素升高,重氮试剂_____反应阳性,尿中_____胆红素。

三、名词解释

1. 生物转化　　　　　　2. 加单氧酶系　　　　　3. 初级胆汁酸
4. 次级胆汁酸　　　　　5. 胆汁酸的肠肝循环　　6. 胆色素

7. 游离胆红素   8. 结合胆红素   9. 黄疸

四、问答题

1. 生物转化生理意义、影响因素及特点是什么？

2. 简述结合胆红素与游离胆红素的区别。

3. 简述胆汁酸的主要生理功能。

4. 试述胆汁酸的肠肝循环及其生理意义。

5. 胆固醇和胆汁酸之间的代谢有何关系？

6. 简述肝在胆红素代谢中的作用。

7. 胆汁酸与胆素原肠肝循环有何异同点？

8. 简述胆红素的来源和去路。

9. 试述胆红素的代谢过程？（生成、转化及排泄）

10. 乙醇在体内代谢需要进行哪些转化反应，需要哪些酶？为什么过度饮酒的人会导致肝损伤？

11. 为什么患严重的肝脏疾病时，病人容易出现餐后高血糖，饥饿时易出现低血糖、脂肪泻、水肿及血氨升高、肝昏迷、夜盲症、出血倾向、蜘蛛痣等？

参考答案

一、单项选择题

1. E   2. B   3. C   4. C   5. D   6. E   7. A   8. D   9. D   10. C
11. A   12. A   13. D   14. B   15. D   16. D   17. E   18. B   19. A   20. B
21. D   22. D   23. B   24. E   25. A   26. E   27. A   28. C   29. C   30. B
31. A   32. B   33. E

二、填空题

1. 氧化反应   还原反应   水解反应   结合反应   葡萄糖醛酸

2. 促进脂类的消化吸收   抑制胆固醇结石的形成

3. 解毒   致毒

4. UDPGA   PAPS

5. 游离胆汁酸   结合胆汁酸

6. 胆酸   脱氧胆酸   鹅脱氧胆酸   少量的石胆酸   甘氨酸   牛磺酸

7. Y 蛋白   Z 蛋白

8. 游离   间接   无

9. 结合   直接   有

三、名词解释

1. 生物转化：机体对内外源性的非营养物质进行的氧化、还原、水解以及各种结合反应，增加其水溶性和极性，利于从尿或胆汁排出体外。

2. 加单氧酶系：此酶系统存在于肝细胞微粒体，由细胞色素 P_{450}（血红素蛋白）和 NADPH-细胞色素 P_{450} 还原酶（黄酶）组成。又称羟化酶或混合功能氧化酶，属氧化还原酶类。

3.初级胆汁酸:由肝细胞以胆固醇为原料合成的胆汁酸及其与甘氨酸或牛磺酸的结合产物,包括胆酸、鹅脱氧胆酸、甘氨胆酸、牛磺胆酸、甘氨鹅脱氧胆酸和牛磺鹅脱氧胆酸。

4.次级胆汁酸:初级胆汁酸经肠菌作用产生的胆汁酸及其结合产物,包括脱氧胆酸、石胆酸、甘氨脱氧胆酸、牛磺脱氧胆酸、甘氨石胆酸、牛磺石胆酸。

5.胆汁酸的肠肝循环:在肝细胞合成的初级胆汁酸,随胆汁进入肠道并转变为次级胆汁酸。肠道中约95%胆汁酸可经门静脉被重吸收入肝,并与肝新合成的胆汁酸一起再次被排入肠道,此循环过程称胆汁酸的肠肝循环。

6.胆色素:是铁卟啉类化合物分解所产生的一类有色化合物的总称,包括有胆红素、胆素原和胆素。是胆汁中的主要色素。

7.游离胆红素:在血浆中主要与清蛋白结合而运输的胆红素称为游离胆红素或未结合胆红素,为脂溶性,不能经尿排出,易透过细胞膜产生毒性作用。

8.结合胆红素:胆红素在肝细胞内与葡萄糖醛酸结合生成的葡萄糖醛酸胆红素称为结合胆红素,为水溶性,无毒性,可从尿中排出。

9.黄疸:胆红素为橙黄色物质,血浆胆红素高于正常水平可扩散进入组织造成黄染,这一体征称为黄疸。根据黄疸病因不同可将黄疸分为:溶血性黄疸、肝细胞性黄疸和阻塞性黄疸。

四、问答题

1.答:生物转化的生理意义在于:一是可对体内的大部分非营养物质进行代谢转化,使其活性降低或丧失(灭活),或使有毒物质的毒性减低或消除(解毒)。二是可使这些非营养物质的水溶性和极性增加,易于从尿或胆汁排出。但不能将肝的生物转化笼统地看做是"解毒作用"。

生物转化受年龄、性别、营养、疾病、遗传以及异源物诱导等影响,并具有转化反应的连续性、反应类型的多样性及解毒与致毒的双重性特点。

2.答:区别:①游离胆红素是指在血浆中主要与清蛋白结合而运输的胆红素。具有脂溶性、不能透过肾小球滤过随尿排出、易透过细胞膜产生毒性及与重氮试剂呈间接反应等特点。②结合胆红素是指在肝细胞内与葡糖醛酸结合生成的葡糖醛酸胆红素。具有水溶性、能透过肾小球随尿排出、无毒性及与重氮试剂呈直接反应等特点。比较如下:

性质	游离胆红素	结合胆红素
水溶性	小	大
与葡萄糖醛酸结合	未结合	结合
与血浆清蛋白亲和力	大	小
细胞膜通透性及毒性	大	小
与重氮试剂反应	慢或间接阳性	迅速或直接阳性
含　量	1/5	4/5
尿中排出	无	有
常见其他名称	间接(血)胆红素	直接(肝)胆红素

3.答:具体如下:(1)促进脂类物质的消化与吸收;(2)维持胆汁中胆固醇的溶解状态以

抑制胆固醇结石生成。

4. 答:(1)肠道中95%的胆汁酸经门静脉重吸收入肝,并同新合成的胆汁酸一起再次被排入肠道,此循环过程称胆汁酸的肠肝循环。(2)生理意义在于可使有限的胆汁酸库存循环利用,以满足机体对胆汁酸的生理需要。

5. 答:(1)胆汁酸是以胆固醇为原料在肝内生成。(2)胆汁酸的合成受肠道向肝内胆固醇转运量的调节。胆固醇在抑制 HMG-CoA 还原酶从而减少体内胆固醇合成的同时,还增加胆固醇 7α-羟化酶基因的表达,从而使胆汁酸的合成量亦增多。(3)胆固醇的消化、吸收及排泄均受胆汁酸盐的影响。

6. 答:肝脏通过对胆红素的摄取、结合转化与排泄,使血浆的胆红素不断经肝细胞处理而被清除。(1)肝细胞特异性膜载体从血浆中摄取游离胆红素;(2)胆红素进入肝细胞胞浆后与 Y 蛋白或 Z 蛋白结合,并运至内质网与葡萄糖醛酸结合转化为结合胆红素;(3)结合胆红素从肝细胞经胆小管排泄入胆汁中。

7. 答:相同点:二者均系代谢物在肠道与肝脏之间的循环过程。不同点:(1)在胆汁酸肠肝循环中,由肝脏分泌到肠道的各种胆汁酸有95%被肠重吸收,然后经门静脉入肝再与新合成的胆汁酸一起排入肠道。而胆色素肠肝循环中,肠中产生的胆素原10%～20%被肠重吸收,其中大部分又以原形重新随胆汁排入肠,仅小部分进入体循环从尿排出;(2)胆汁酸的肠肝循环可使有限的胆汁酸库存循环利用,以满足人体对胆汁酸的生理需要。而胆色素的肠肝循环没有任何生理意义。

8. 答:来源:(1)80%以上源于衰老红细胞释出的血红蛋白的降解;(2)其余来自其他铁卟啉类化合物。去路:(1)胆红素入血后与清蛋白结合成血胆红素(又称游离胆红素)而被运输;(2)被肝细胞摄取的胆红素与 Y 蛋白或 Z 蛋白结合后被运输到内质网,在葡萄糖醛酸转移酶催化下生成胆红素-葡萄糖醛酸酯,称为肝胆红素(又称结合胆红素);(3)肝胆红素随胆汁进入肠道,在肠道细菌作用下生成无色胆素原,大部分胆素原随粪便排出。小部分胆素原经门静脉被重吸收入肝,其中的大部分又被肝细胞再分泌入肠,构成胆素原的肠肝循环;(4)重吸收的胆素原少部分进入体循环,经肾由尿排出。

9. 答:胆红素的代谢包括生成、转化和排泄。

(1)胆红素的生成:正常成人每天生成的胆红素大约有80%来自于衰老红细胞中血红蛋白的分解。血红蛋白→血红素→胆绿素→胆红素。(2)胆红素的转化:胆红素生成后主要与血浆清蛋白结合成复合物进行运输,运输到肝脏以后,被肝脏所转化,肝脏对胆红素的转化包括摄取、结合及排泄3个连续进行的过程:

①摄取:清蛋白-胆红素复合物运输至肝脏以后,首先在肝血窦清蛋白与未结合胆红素分离,未结合胆红素则被肝细胞膜上特异的载体蛋白(Y 蛋白和 Z 蛋白)所摄取。②结合:胆红素与 Y、Z 蛋白在清滑面内质网处分离,未结合胆红素则与葡萄糖醛酸进行结合反应,生成葡萄糖醛酸胆红素酯,即结合胆红素。③排泄:结合胆红素由肝细胞以主动转运的方式分泌入毛细胆管,然后随胆汁排入肠腔。(3)胆红素的排泄:结合胆红素随胆汁排入肠道后,经肠菌的作用,生成一类无色的胆素原,进一步氧化后生成黄褐色的胆素。肠道中约有10%～20%的胆素原被重吸收,进入肝脏,其中大部分再次随胆汁排入肠道,此过程称为胆素原的肠肝循环。

10. 答:乙醇(醇脱氢酶)→乙醛(醛脱氢酶)→乙酸,长期摄入乙醇或乙醇慢性中毒,该酶被诱导大量合成,使乙醇代谢量由 20％～30％升高至 50％,可使肝内质网增殖,大量饮酒或慢性乙醇中毒可启动微粒体乙醇氧化系统,产物是乙醛,但不产生 ATP,且消耗氧和 NADPH,容易造成肝组织损伤。

　　11.答:肝脏是维持人体生命的重要器官,参与人体内的分泌、排泄、解毒和各种营养物质代谢等。进食后,食物经消化吸收,血糖浓度有升高的趋势,机体通过合成肝糖原、肌糖原来维持血糖浓度恒定。由于肝脏中含有葡萄糖-6-磷酸酶,肝糖原能直接分解补充血糖;体内肝糖原被耗尽情况下,机体通过糖异生作用来维持血糖浓度。严重肝脏疾病时肝脏不能及时进行糖原合成、分解及糖异生,病人容易出现餐后高血糖、饥饿时易出现低血糖。肝脏在脂类的消化、吸收、分解、合成及运输等过程中均起重要作用。肝细胞分泌的胆汁酸盐是强乳化剂,可促进脂类的消化、吸收和脂溶性维生素的吸收。严重肝病患者,可因脂类消化不良,甚至出现脂肪泻和脂溶性维生素缺乏的症状。肝脏内蛋白质代谢极为活跃,是合成蛋白质的重要器官,它不仅能合成自身的结构蛋白质,而且还能合成多种血浆蛋白质。清蛋白在肝脏合成,清蛋白对维持血浆胶体渗透压方面起着举足轻重的作用,故肝功能严重受损时会出现水肿,A/G 比值倒置;患严重的肝脏疾病时,纤维蛋白原、凝血酶原等合成减少,使患者表现容易出血的倾向。眼睛的感光物质——视紫红质的合成与分解与肝脏有关,肝功能严重障碍时,视紫红质的合成减少,可造成夜盲症。肝脏是清除血氨的主要器官。氨基酸代谢产生的氨在肝脏通过鸟氨酸循环,将有毒的氨转变成无毒的尿素,随尿排出体外。鸟氨酸氨基甲酰转移酶和精氨酸酶只在肝中存在,故当肝功能衰竭时,尿素合成障碍,血氨升高,引起肝性昏迷。肝脏是激素的灭活的重要器官,这对于激素作用时间的长短及强度具有调控作用。肝功能障碍时,激素灭活作用减弱,血中相应的激素水平就会升高,如雌激素水平升高,可出现"肝掌"和"蜘蛛痣"。

（顾龙龙）

第十一章　DNA 的生物合成

学习要求

1. 掌握:遗传信息传递的中心法则;DNA 半保留复制;冈崎片段的概念;参与 DNA 复制的酶类及蛋白质因子的作用。

2. 熟悉:前导链、后随链的概念。

知识概要

一、DNA 复制的基本特征

(一)半保留复制

半保留复制是指 DNA 复制时亲代 DNA 的两条链解开,以每条链作为模板按碱基互补配对规则合成新链,从而形成两个碱基序列和亲代完全相同的子代 DNA 分子,每一个子代 DNA 分子都包含一条亲代链和一条新合成的链。

(二)双向复制

DNA 双链从复制起始点向两个方向解开,复制沿两个方向同时进行,称为双向复制。

(三)半不连续复制

两条新链中一条能连续合成,另一条不能连续合成,称为半不连续复制。其中一条新链的合成方向与解链的方向相同,能连续合成,称为前导链;而另一条新链的合成方向与解链方向相反,合成是不连续、分段进行的,称为后随链。后随链上不连续的 DNA 片段称为冈崎片段。

二、参与 DNA 复制的酶和蛋白质因子

(一)DNA 聚合酶

DNA 聚合酶主要表现出以下三种催化活性:①$5'→3'$方向的聚合酶活性,②$5'→3'$核酸外切酶活性,③$3'→5'$核酸外切酶活性。

(二)其他参与 DNA 复制的酶的主要功能

1. 拓扑异构酶:松解超螺旋;2. 解螺旋酶(DnaB 蛋白):解开双螺旋;3. 单链 DNA 结合蛋白:保持单链模板稳定;4. 引物酶(DnaG 蛋白):合成引物;5. DNA 连接酶:连接冈崎片段。

三、DNA 复制的过程

(一)原核生物 DNA 的复制

1. 起始:这一阶段是在复制起始点附近将 DNA 双链解开,形成复制叉,催化引物的生成。

(1)DNA 双链解开:大肠杆菌 DNA 解链过程主要由 DnaA、DnaB、DnaC 三种蛋白共同参与完成。

(2)引物及引发体形成:解链以后,形成了由 DnaB(解螺旋酶)、DnaC、DnaG(引物酶)和

DNA 复制起始区域所组成的复合结构,称为引发体。

2.延长:在 DNA-pol Ⅲ 的催化下,根据模板碱基序列的指导,沿 $5'→3'$ 方向将 dNTP 以 dNMP 的方式逐个连接到引物或延长中的子链上。

3.终止:将引物切除并填补缺口,冈崎片段之间的切口最终需由 DNA 连接酶催化连接。

四、DNA 的损伤与修复

(一)DNA 损伤

DNA 损伤的类型:根据 DNA 分子结构改变方式的不同,突变的类型可分为碱基替换和点突变、缺失和插入、重组和重排等几种类型。

(二)DNA 损伤的修复

修复的方式主要有直接修复、切除修复、重组修复和 SOS 修复等。

五、逆转录

遗传信息从 RNA 到 DNA 的过程,传递方向与转录过程相反,故称逆转录,催化反应的酶称逆转录酶。

逆转录酶有三种催化活性:①依赖 RNA 的 DNA 聚合酶活性;②RNA 酶 H 活性(RNase H);③依赖 DNA 的 DNA 聚合酶活性。

练习题

一、单项选择题

1.下列不属于分子生物学中心法则内容的是　　　　　　　　　　　　　（　　）
　　A.复制　　　　　　　　　　　B.转录　　　　　　　　　　C.逆转录
　　D.翻译　　　　　　　　　　　E.核酸分子杂交

2.下列关于分子生物学中心法则的叙述哪一项是错误的　　　　　　　（　　）
　　A.是生物体内遗传信息传递的规律
　　B.遗传信息的传递主要是指 DNA 的复制
　　C.遗传信息的表达是指转录和翻译
　　D.最早由 F.Crick 提出
　　E.逆转录是所有生物普遍存在的一种信息传递方式

3.生物体内遗传信息传递中,下列哪一个过程还没有实验证据　　　　（　　）
　　A.DNA→DNA　　　　　　B.蛋白质→DNA　　　　　C.RNA→蛋白质
　　D.RNA→DNA　　　　　　E.DNA→RNA

4.DNA 复制是指　　　　　　　　　　　　　　　　　　　　　　　（　　）
　　A.以 DNA 为模板合成 DNA
　　B.以 RNA 为模板合成 DNA
　　C.以 DNA 为模板合成 RNA
　　D.以 RNA 为模板合成 RNA
　　E.以 RNA 为模板合成蛋白质

5.DNA 在复制时,放射性标记的 DNA 分子置于无放射性的环境中复制两代,所产生的
　　4 个 DNA 分子的放射性状况如何　　　　　　　　　　　　　　　（　　）

A. 两个分子有放射性,两个分子无放射性

B. 每一个 DNA 分子中的一条链具有放性

C. 每一个 DNA 分子的半条链具有放射性

D. 均有放射性

E. 均无放射性

6. 关于半保留复制的叙述正确的是　　　　　　　　　　　　　　　　　　（　　）

A. 两个子代 DNA 分子中只有一个保留了亲代的遗传信息

B. 两个子代 DNA 分子中只有一个以亲代 DNA 作为复制的模板

C. 模板是双链,子代 DNA 分子是单链

D. 每个子代 DNA 分子中的两条链来自两个不同的亲代 DNA

E. 每个子代 DNA 分子中都有一条链是新合成的,一条链来自亲代

7. 1958 年 Meselson 和 Stahl 利用 15N 标记大肠杆菌 DNA 的实验首先证明了下列哪

种机制　　　　　　　　　　　　　　　　　　　　　　　　　　　　　　（　　）

A. DNA 能被复制

B. 基因可以被转录为 mRNA

C. DNA 的全保留复制机制

D. DNA 的半保留复制机制

E. DNA 的混合式复制机制

8. DNA 复制中不需要的酶是　　　　　　　　　　　　　　　　　　　　　（　　）

A. DNA 聚合酶　　　　　　　B. 引物酶　　　　　　　　C. 逆转录酶

D. DNA 连接酶　　　　　　　E. 解螺旋酶

9. 下列关于 DNA 复制的叙述哪一项是错误的　　　　　　　　　　　　　　（　　）

A. 复制的方式为半保留复制

B. 以四种 dNTP 为原料

C. 新链的合成都是连续的

D. 双向复制

E. 只能从 DNA 分子上特定的位点开始

10. DNA 复制时,以序列 $5'$-AGTCAGA-$3'$ 为模板,合成的新链序列是　　（　　）

A. $5'$-AGTCTGA-$3'$　　　　B. $5'$-TCAGTCT-$3'$　　　　C. $5'$-UCUGACU-$3'$

D. $5'$-TCTGACT-$3'$　　　　E. $5'$-AGUCUGA-$3'$

11. 合成 DNA 的原料是　　　　　　　　　　　　　　　　　　　　　　　（　　）

A. dATP　dGTP　dCTP　dUTP

B. dATP　dGTP　dCTP　dTTP

C. dADP　dGDP　dCDP　dTDP

D. ATP　GTP　CTP　UTP

E. ADP　GDP　CDP　UDP

12. DNA 拓扑异构酶的作用是　　　　　　　　　　　　　　　　　　　　（　　）

A. 辨认复制起始点

B. 解开 DNA 双螺旋

　　C.稳定分开的双螺旋

　　D.连接 DNA 双链中的单链切口

　　E.松解超螺旋,防止缠绕打结

13.DNA 连接酶的作用是　　　　　　　　　　　　　　　　　　　　　　　（　　）

　　A.使 DNA 形成超螺旋结构

　　B.连接两条染色体

　　C.连接 RNA 与 DNA

　　D.连接 DNA 双链中的单链切口

　　E.使 DNA 形成双螺旋结构

14.关于 DNA 聚合酶的叙述错误的是　　　　　　　　　　　　　　　　　　（　　）

　　A.只能按 $5'→3'$ 方向合成 DNA

　　B.底物是 dNTP

　　C.具有核酸内切酶的活性

　　D.原核生物有三种 DNA 聚合酶

　　E.必须要有 DNA 作为模板

15.原核生物 DNA 复制需要①DNA 聚合酶②单链 DNA 结合蛋白③解螺旋酶④引物
　　酶⑤DNA 连接酶。其作用顺序是　　　　　　　　　　　　　　　　　　（　　）

　　A.④③①②⑤　　　　　　　B.②④①③⑤　　　　　　C.④②①⑤③

　　D.④②①③⑤　　　　　　　E.③②④①⑤

16.在 DNA 复制中,RNA 引物的作用是　　　　　　　　　　　　　　　　　（　　）

　　A.提供 $5'$ 末端作为 DNA 新链合成的起点

　　B.使 DNA 聚合酶活化

　　C.提供 $3'$-OH 末端作为 DNA 新链合成的起点

　　D.使 DNA 保持单链状态

　　E.提供 $3'$-OH 末端作为 RNA 合成的起点

17.解螺旋酶在解开双螺旋过程中断裂的化学键是　　　　　　　　　　　　（　　）

　　A.肽键　　　　　　　　　　B.磷酸二酯键　　　　　　C.氢键

　　D.离子键　　　　　　　　　E.疏水键

18.不能够形成 $3',5'$-磷酸二酯键的酶是　　　　　　　　　　　　　　　　（　　）

　　A.DNA 聚合酶　　　　　　　B.引物酶　　　　　　　　C.拓扑异构酶

　　D.DNA 连接酶　　　　　　　E.解螺旋酶

19.在 DNA 复制过程中切除引物的酶是　　　　　　　　　　　　　　　　　（　　）

　　A.RNA 酶　　　　　　　　　B.引物酶　　　　　　　　C.拓扑异构酶

　　D.DNA 连接酶　　　　　　　E.解螺旋酶

20.在 DNA 复制过程中保持单链模板稳定的物质是　　　　　　　　　　　　（　　）

　　A.DNA 聚合酶　　　　　　　B.引物酶　　　　　　　　C.拓扑异构酶

　　D.单链 DNA 结合蛋白　　　　E.解螺旋酶

21.关于 DNA 复制的叙述正确的是　　　　　　　　　　　　　　　　　　　（　　）

　　A.复制从 DNA 分子任何部位都能启动

　　B. 复制只能向一个方向进行

　　C. 复制是半不连续进行的

　　D. 复制不需要引物

　　E. 单链及双链 DNA 都可作为模版

22. 冈崎片段是指　　　　　　　　　　　　　　　　　　　　　　（　　）

　　A. DNA 模板上的 DNA 片段

　　B. 引物酶催化合成的 RNA 片段

　　C. 前导链上合成的 DNA 片段

　　D. 后随链上合成的 RNA 片段

　　E. 后随链上合成的不连续的 DNA 小片段

23. 冈崎片段产生的原因是　　　　　　　　　　　　　　　　　（　　）

　　A. 解链的速度大于复制的速度

　　B. 新链合成方向与解链方向相反

　　C. 因为 RNA 是不连续合成的

　　D. 是因为 DNA 复制速度太快

　　E. 是因为复制中 DNA 发生缠绕打结

24. 关于半不连续复制的叙述错误的是　　　　　　　　　　　　（　　）

　　A. 两条新链中一条链能连续合成,另一条不能连续合成

　　B. 能连续合成的是前导链

　　C. 不能连续合成的是后随链

　　D. 冈崎片段存在于前导链上

　　E. 冈崎片段存在于后随链上

25. 前导链连续合成,后随链不能连续合成,这种复制的方式称为　　（　　）

　　A. 半保留复制　　　　　B. 双向复制　　　　　C. 半不连续复制

　　D. 不对称转录　　　　　E. 高保真复制

26. 识别大肠杆菌 DNA 复制起始区的蛋白质是　　　　　　　　（　　）

　　A. DnaA 蛋白　　　　　B. DnaB 蛋白　　　　　C. DnaC 蛋白

　　D. DnaE 蛋白　　　　　E. DnaG 蛋白

27. 关于逆转录的叙述错误的是　　　　　　　　　　　　　　　（　　）

　　A. 需要逆转录酶

　　B. 主要在某些病毒中进行

　　C. 所有生物都能进行

　　D. 逆转录生成的 DNA 称为 cDNA

　　E. 逆转录酶有三种催化活性

28. 引起 DNA 损伤的原因不包括　　　　　　　　　　　　　　（　　）

　　A. 电离辐射　　　　　　B. 紫外线　　　　　　C. 某些化学物质

　　D. 逆转录　　　　　　　E. 体内产生的自由基

29. DNA 损伤修复的主要方式是　　　　　　　　　　　　　　（　　）

　　A. 半保留复制　　　　　B. 直接修复　　　　　C. 切除修复

D. 重组修复　　　　　　　　E. SOS 修复

二、填空题

1. DNA 复制的基本特征有_____、_____、_____。

2. 关于 DNA 的复制,前导链的合成方向是_____,后随链的合成方向是_____,DNA 模板链的阅读方向是_____。

3. 能够形成 3′,5′-磷酸二酯键的酶有_____、_____、_____、_____。

4. 原核生物 DNA 复制引发体的成分包括_____。

5. 复制起始部位的特征是_____、_____。

6. 逆转录酶具有_____、_____、_____三个活性。

7. 所有冈崎片段的延伸都是按_____方向进行的。

8. 前导链的合成是_____的,其合成方向与复制叉移动方向_____。

9. DNA 聚合酶 I 的催化功能有_____、_____、_____。

10. DNA 拓扑异构酶有_____种类型,分别为_____和_____,它们的功能是_____。

11. 大肠杆菌 DNA 聚合酶 III 的_____活性使之具有_____功能,极大地提高了 DNA 复制的保真度。

12. 大肠杆菌中已发现_____种 DNA 聚合酶,其中_____负责 DNA 复制,_____负责 DNA 损伤修复。

13. 在 DNA 复制中,_____可防止单链模板重新缔合和核酸酶的攻击。

14. DNA 合成时,先由引物酶合成_____,再由_____在其 3′端合成 DNA 链,然后由_____切除引物并填补空隙,最后由_____连接成完整的链。

三、名词解释

1. 遗传信息传递的中心法则　　　　　　　2. 半保留复制
3. 前导链　　　　　　4. 后随链　　　　　　5. 冈崎片段
6. 逆转录　　　　　　7. 切除修复　　　　　8. DNA 损伤

四、问答题

1. 参与 DNA 复制的酶及其蛋白质因子有哪些? 试述其主要功能。

2. 原核生物复制起始的相关蛋白质有哪些? 各有何功能?

3. DNA 复制保真性的机制有哪些?

4. DNA 生物合成的原理在分子生物学技术中有何应用?

5. 简述逆转录的基本过程,逆转录现象的发现在生命科学研究中有何重大研究价值?

参考答案

一、单项选择题

1. E　2. E　3. B　4. A　5. A　6. E　7. D　8. C　9. C　10. D

11. B　12. E　13. D　14. C　15. E　16. C　17. C　18. E　19. A　20. D

21. C　22. E　23. B　24. D　25. C　26. A　27. C　28. D　29. C

二、填空题

1.半保留复制　半不连续复制　双向复制

2.$5'→3'$方向　$5'→3'$方向　$3'→5'$方向

3.DNA 聚合酶　引物酶　拓扑异构酶　DNA 连接酶

4.DNA 复制起始区,DnaB,DnaC,DnaG 以及 SSB

5.三组串联重复序列　富含 A-T 的两对反向重复序列

6.RNA 为模板的 DNA 聚合活性　RNA 酶 H 活性　DNA 为模板的 DNA 聚合活性

7.$5'→3'$

8.连续　相同

9.$5'→3'$聚合　$3'→5'$外切　$5'→3'$外切

10.两　拓扑异构酶 I　拓扑异构酶 II　增加或减少超螺旋

11.$3'→5'$外切酶　校对

12.3　DNA 聚合酶 III　DNA 聚合酶 II

13.单链结合蛋白

14.引物　DNA 聚合酶 III　DNA 聚合酶 I　连接酶

三、名词解释

1.是生物体内遗传信息传递的规律,其内容包括遗传信息的传递方式主要是 DNA 的复制,遗传信息的表达是通过转录和翻译实现的。此外,某些生物还能以逆转录的方式生成 DNA。

2.DNA 复制时,在一个复制方向上,一条新链的合成方向与模板 DNA 的解链方向一致,进行连续性合成,另一条新链的合成方向与解链方向相反,以不连续的冈崎片段合成,此种复制方式称为半保留复制。

3.DNA 复制具有半不连续性,其中一条新链的合成方向与解链的方向相同,能连续合成,称为前导链。

4.DNA 复制具有半不连续性,其中一条新链的合成方向与解链方向相反,合成是不连续、分段进行的,称为后随链。

5.DNA 复制过程中,后随链上合成的一些不连续的 DNA 片段,称为冈崎片段,产生的原因是后随链合成方向与模板 DNA 的解链方向相反。

6.指在逆转录酶催化下,以 RNA 为模板,四种 dNTP 为原料,首先合成 RNA-DNA 杂化双链,然后由 RNA 酶水解 RNA-DNA 杂化双链中的 RNA 链,最后以单链 DNA 为模板合成双链 DNA 的过程。

7.切除修复细胞内最重要的修复机制,主要由 DNA 聚合酶 I 及连接酶执行。

8.在某些物理化学因素的作用下,DNA 分子中相邻嘧啶碱之间产生共价结合生成嘧啶二聚体,碱基出现点突变(碱基性质改变),碱基缺失或插入而引起框移突变(frameshift mutation),DNA 分子内大片段 DNA 产生重排(或重组),DNA 链断裂,两条 DNA 链间产生交联(链间交联及链内交联)等。这些基因结构改变的结果,将引起生物体遗传性状的改变,有的导致疾病的发生、严重时引起机体死亡,称为 DNA 损伤(DNA damage)。

四、问答题

1.答：参与 DNA 复制的酶及蛋白质因子的主要作用是：

1）DNA 聚合酶：主要表现出以下三种催化活性：①5′→3′方向的聚合酶活性，催化 3′，5′-磷酸二酯键的形成；②5′→3′核酸外切酶活性，能从 5′→3′方向水解核酸单链，主要用于对引物的水解；③3′→5′核酸外切酶活性，能从 3′→5′方向将复制过程中错配的核苷酸水解，具有校正修复的功能。

2）解螺旋酶：破坏 DNA 双链互补碱基之间的氢键，使 DNA 双链变为单链，以便作为复制的模板。

3）单链 DNA 结合蛋白（SSB）：结合到解开的 DNA 单链上，保持 DNA 的单链状态。

4）拓扑异构酶：松解 DNA 的超螺旋，避免在 DNA 复制过程中的打结现象。

5）引物酶：以 DNA 单链为模板，按碱基互补配对原则合成 RNA 引物，提供 DNA 复制所需的 3′-OH 端。

6）DNA 连接酶：连接 DNA 复制时由于不连续复制产生的 DNA 片段之间的单链切口。

2.答：

蛋白质（基因）	通用名	功　能
DnaA(dnaA)		辨认起始点
DnaB(dnaB)	解螺旋酶	解开 DNA 双链
DnaC(dnaC)		运送和协助 DnaB
DnaG(dnaG)	引物酶	催化 RNA 引物生成
SSB	单链 DNA 结合蛋白	稳定已解开的单链
拓扑异构酶(gyr A,B)		理顺 DNA 链

3.答：DNA 复制的保真性主要通过以下三种机制维持：①在半保留复制过程中，DNA 聚合酶对底物有严格的选择性；②DNA 聚合酶具有 3′→5′方向核酸外切酶的活性，能及时识别错配的碱基并将其切除；③DNA 损伤修复系统，能对 DNA 分子上出现的异常改变及时加以纠正。

4.答：DNA 生物合成主要包括 DNA 复制和逆转录两种方式。DNA 半保留复制是 PCR 技术的基本原理；逆转录可用于基因工程、探针制备等过程。

5.答：逆转录的基本过程：①以 RNA 为模板，在逆转录酶（RDDP）催化下合成 RNA-DNA 杂化双链。②由 RNase H 水解 RNA-DNA 杂化双链中的 RNA 链。合成的 DNA 称为 eDNA。③以新合成的单链 DNA 链为模板，由反转录酶（RDDP）催化合成 cDNA 双链。逆转录现象发现的意义：①补充并完善了中心法则。②反转录病毒是分子生物学研究中的重要工具，广泛应用于真核基因表达，基因转染等重要研究方法上，是一种基因治疗的重要基因载体。

（顾龙龙）

第十二章　RNA 的生物合成

学习要求

1.掌握:转录的概念;原核生物 RNA 聚合酶的组成及其功能;不对称转录的概念;外显子和内含子的概念。

2.熟悉:转录的模板及其与酶的辨别结合;原核生物转录的基本过程;mRNA、tRNA 及 rRNA 转录后的加工修饰。

3.了解:真核生物 RNA 聚合酶,真核生物转录的基本过程。

知识概要

一、原核生物转录的模板和酶

(一)原核生物转录的模板

一个结构基因,只有一条 DNA 链可以作为转录的模板,可以作为模板的 DNA 链,通常称为模板链(template strand),也称为有意义链(sense strand)。与模板链碱基互补配对的另外一条 DNA 链,称为编码链(coding strand)或者无意义链(antisense strand)。

(二)RNA 聚合酶催化 RNA 合成

原核生物的 RNA 聚合酶 一般由 α、β、β′和 σ 四种亚基组成的五聚体,$\alpha_2\beta\beta'\sigma$ 构成 RNA 聚合酶的全酶结构,$\alpha_2\beta\beta'$ 的聚合形式称为核心酶。

二、原核生物 RNA 转录过程

(一)起始阶段

原核生物的 RNA 聚合酶的全酶利用 σ 因子找到结构基因上游启动序列的－35 区的 TTGACA 序列,滑动到－10 区的 TATAAT 序列,获得局部的单链模板。在转录起始形成 $5'$ pppGpN $3'$ 的四磷酸二核苷酸形式。

(二)延长阶段

RNA 聚合酶构象改变,转变为核心酶。核心酶松弛地结合到 DNA 上,沿着模板链的 $3'→5'$方向,在核苷酸的 $3'$-端按照碱基互补配对的规律,通过磷酸二酯键相连。

(三)终止阶段

1.依赖 ρ 因子的终止:ρ 因子使核心酶发生构象改变,且能利用解螺旋酶活性,使 RNA 链从转录复合物中脱落。

2.不依赖 ρ 因子的终止:转录产物 RNA 链的 $3'$-端出现一段 G-C 丰富的序列,容易形成茎环状或者发夹样结构,使核心酶移动停滞,发生变构,转录停止。

三、真核生物 RNA 的加工修饰

(一)真核生物 mRNA 的转录后加工修饰

1.真核生物结构基因的特点——基因的断裂现象

存在于断裂基因和最初的转录产物中,并表达为成熟 RNA 的编码序列,称为外显子(exon)。断裂基因内的编码序列的间隔序列,不出现在成熟的 RNA 分子中,在转录后通过加工被切除,这些非编码序列称为内含子(intron)。

2.mRNA 前体剪接

在核酸酶的作用下切除内含子部分,被切除的内含子部分将被降解。切割后留下的外显子部分,将通过 $3',5'$-磷酸二酯键连接,构成连续的编码区序列。

3.mRNA 前体的 $5'$-端加帽和 $3'$-端加尾修饰

(1)mRNA 前体的 $5'$-端加帽:在加帽酶的作用下,最终形成"m^7GpppG"的帽状结构。

(2)$3'$-端加尾修饰:在多聚腺苷酸合成酶的催化下,加上 $80\sim250$ 个连续的腺苷酸,形成多聚的腺苷酸尾(polyA)。

4.mRNA 的编辑

练习题

一、单项选择题

1.DNA 复制和转录过程具有许多异同点,下列关于 DNA 复制和转录的描述中哪项是错误的　　　　　　　　　　　　　　　　　　　　　(　　)

　　A.在体内只有模板链转录,而两条 DNA 链都复制

　　B.在这两个过程中新链合成方向都是 $5'\rightarrow3'$

　　C.复制的产物在通常情况下,大于转录的产物

　　D.两过程均需要 RNA 引物

　　E.复制和转录的原料不同

2.下列关于转录的叙述,哪一项是正确的　　　　　　　　　　　(　　)

　　A.因为 DNA 两条链互补,所以两条链为模板时转录生成的 mRNA 是相同的

　　B.结构基因能转录出 DNA

　　C.真核细胞中有些结构基因是不连续的,成熟 mRNA 中不再具有内含子的编码。

　　D.从特异基因转录生成的所有 RNA,其顺序可全部或部分翻译出来

　　E.转录过程不需要辅助因子

3.下列关于转录合成 RNA 的叙述,哪项是错误的　　　　　　　　(　　)

　　A.只有 DNA 模板存在时,RNA 聚合酶才有催化活性

　　B.只有引物存在时,RNA 聚合酶才有催化活性

　　C.RNA 链的合成方向是 $5'\rightarrow3'$

　　D.通常情况下,某一转录单位的 DNA,只有一股链作为转录的模板

　　E.编码链的方向与 RNA 链的方向相同

4.DNA 上某段模板链的碱基顺序为 $5'$-ACTAGTCAC-$3'$,转录后的 mRNA 上相应的碱基顺序为　　　　　　　　　　　　　　　　　　(　　)

A. 5′-TGATCAGAT-3′ B. 5′-UGAUCAGUC-3′ C. 5′-GUGACUAGU-3′

D. 5′-GTGACTAGT-3′ E. 5′-GAGCUGACU-3′

5. 现有一 DNA 片段,它的序列一条为 3′-ATTCAG-5′,另一条为 5′-TAAGTC-3′,转录从左向右进行,生成的 RNA 序列应是 （　　）

A. 5′-GACUUA-3′ B. 5′-CTGAAT-3′ C. 5′-UAAGUC-3′

D. 5′-AUUCAG-3′ E. 5′-ATTCAG-3′

6. 不对称转录是指 （　　）

A. 双向复制后各自作为模板进行转录

B. 作为转录的模板,方向可以是 3′→5′,也可是 5′→3′

C. 同一单链 DNA 上的某一转录单位可以是有意义链,而另一转录单位可以是反意义链

D. 转录的产物 RNA 的碱基序列不对称

E. 转录无方向性

7. DNA 指导的 RNA 聚合酶,核心酶的组成是 （　　）

A. $\alpha_2\beta\beta'$ B. $\alpha_1\alpha_2\beta$ C. $\alpha_2\beta\beta'\sigma$

D. $\alpha\beta\beta'$ E. $\alpha_1\alpha_2\beta'$

8. 识别转录起始点的是 （　　）

A. ρ 因子 B. 核心酶 C. RNA 聚合酶 α 亚基

D. σ 因子 E. $\alpha\beta$ 蛋白

9. 转录的原料是 （　　）

A. ADP、GDP、CDP、TDP

B. ATP、GTP、CTP、TTP

C. dATP、dGTP、dCTP、dTTP

D. dADP、dGDP、dCDP、dTDP

E. ATP、GTP、CTP、UTP

10. 原核生物参与转录起始的酶是 （　　）

A. 解链酶 B. 解旋酶 C. 引物酶

D. RNA 聚合酶 E. RNA 聚合酶的核心酶

11. 在转录延长之中,RNA 聚合酶的 σ 因子 （　　）

A. 随全酶在模板上移动

B. 在转录终止时起终止因子的作用

C. 在转录过程中发生构象改变,催使 RNA 与模板链分离

D. 转录延长时脱落

E. 催化 RNA 链延长

12. 外显子是 （　　）

A. 能够转录的 DNA 序列

B. 开放的基因

C. 模板链上的 DNA 片段

D. 真核生物基因的非编码序列

E. 真核生物基因中表达成熟 RNA 的核酸系列

13. 真核细胞 mRNA 的转录后加工没有　　　　　　　　　　　　　（　　）

　　A. 5'-端加帽　　　　　　　B. 3'-端加多聚 A 尾　　　　C. 去除内含子

　　D. 磷酸化/去磷酸化　　　　E. 把外显子连接起来

14. mRNA 多聚 A 尾　　　　　　　　　　　　　　　　　　　　　　（　　）

　　A. 由模板 DNA 上多聚 T 序列转录生成

　　B. 是在细胞质中加工上去的

　　C. 是在细胞核中加工上去的

　　D. 翻译时作为蛋白质合成终止的标志

　　E. 翻译时具有编码氨基酸的作用

15. tRNA 分子 3'-端序列为　　　　　　　　　　　　　　　　　　（　　）

　　A. CCA-OH　　　　　　　　B. CAA-OH　　　　　　C. CCC-OH

　　D. AAA-OH　　　　　　　　E. ACC-OH

16. 下列哪一种反应不属于转录后修饰　　　　　　　　　　　　　　（　　）

　　A. 腺苷酸聚合

　　B. mRNA 降解

　　C. tRNA 的 3'-端形成 CCA-OH

　　D. 稀有碱基的形成

　　E. 5'-端加帽子结构

17. 关于 RNA 聚合酶的功能,错误的描述是　　　　　　　　　　　　（　　）

　　A. 能识别 DNA 模板上转录的起始位点

　　B. 能解开待转录的 DNA 片段,产生单链 DNA 转录模板

　　C. 按 5'→3' 方向合成 RNA 链

　　D. 有 3'→5' 核酸外切酶活性,因此有校正功能

　　E. 原核 RNA 聚合酶的各个亚基有不同功能

18. 关于 mRNA 描述错误的是　　　　　　　　　　　　　　　　　　（　　）

　　A. mRNA 的前体是 hnRNA-OH

　　B. 帽子结构和多聚 A 尾结构是转录后加工形成的

　　C. 寿命比 tRNA 和 rRNA 要长

　　D. 含有编码蛋白质氨基酸的密码

　　E. 多聚 A 尾可增加 mRNA 的稳定性

19. 关于 tRNA 的描述错误的是　　　　　　　　　　　　　　　　　（　　）

　　A. 三级结构,呈倒"L"型

　　B. 含较多的稀有碱基

　　C. 所有 tRNA 3'-端都形成 CCA-OH

　　D. 一种 tRNA 可以结合多种氨基酸

　　E. 其上反密码子与 mRNA 上的密码子可形成摆动配对

20. DNA 复制的精确性远高于 RNA 转录,这是因为　　　　　　　　（　　）

　　A. 新合成的 DNA 链与模板链形成了双螺旋结构,而 RNA 则不能

　　B. DNA 聚合酶有 3'→5' 外切酶活性,而 RNA 聚合酶则无相应活力

　　C. 脱氧核糖核苷之间的氢键配对精确性高于脱氧核糖核苷与核糖核苷之间的配对

　　D. DNA 聚合酶有 $5'\rightarrow3'$ 外切酶活性,而 RNA 聚合酶则无相应活力

　　E. DNA 复制为半不连续复制,而 RNA 转录则呈现连续性

21. RNA 为 5'-UGACGA-3',它的模板链是　　　　　　　　　　　　　　　(　)

　　A. 5'-ACUGCU-3'　　　　　B. 5'-UCGUCA-3'　　　　　C. 5'-ACTGCU-3'

　　D. 5'-TCGTCA-3'　　　　　E. 5'-UCGTCA-3'

22. RNA 链为 5'-AUCGAUC-3',它的编码链是　　　　　　　　　　　　(　)

　　A. 5'-ATCGATC-3'　　　　　B. 5'-AUCGAUC-3'　　　　　C. 3'-ATCGATC-5'

　　D. 5'-GATCGAT-3'　　　　　E. 5'-GAUCGAU-3'

二、填空题

　　1. 大肠杆菌中 DNA 指导的 RNA 聚合酶全酶的亚基组成为_____,去掉_____因子的部分称为核心酶,这个因子使全酶能识别 DNA 上的_____位点。

　　2. 真核细胞中编码蛋白质的基因多为_____,编码的序列还保留在成熟 mRNA 中的是_____,编码的序列在前体分子转录后加工中被切除的是_____,在基因中_____被_____分隔,而在成熟的 mRNA 中序列被拼接起来。

　　3. 转录起始复合物是_____。

　　4. RNA-pol 全酶中,σ 亚基的作用是_____,核心酶的作用是_____。

　　5. 大多数真核细胞的 mRNA 5'端都有_____结构,3'端有_____结构。

三、名词解释

　　1. 编码链　　　　　　　2. 不对称转录　　　　　　　3. 转录起始复合物

　　4. mRNA 编辑　　　　　5. 内含子　　　　　　　　　6. 外显子

四、问答题

　　1. 原核生物 RNA 聚合酶的组成及功能如何?

　　2. 比较 DNA 复制和转录的异同。

　　3. 简述 DNA 转录过程。

参考答案

一、单项选择题

1. D　2. C　3. B　4. C　5. C　6. C　7. A　8. D　9. E　10. D

11. D　12. E　13. D　14. C　15. A　16. B　17. D　18. C　19. D　20. B

21. D　22. A

二、填空题

1. $\alpha_2\beta\beta'\sigma$　σ　启动子

2. 隔(断)裂基因　外显子　内含子　外显子　内含子

3. RNA-Pol 全酶($\alpha_2\beta\beta'\sigma$)-模板 DNA-pppGpN-OH 3'(第一个 3',5'-磷酸二酯键)

4. 辨认起始点　催化转录起始后 RNA 链合成延长

5. 帽　尾

三、名词解释

1. 在一个转录单位内,与模板链互补的 DNA 链,其方向与新合成的 RNA 链方向相同,碱基系列一致,此条 DNA 链就称为编码链。

2. 双链 DNA 分子中的一条链,对于某个基因是模板链,而对于另一个基因则可能是编码链,这种转录方式称不对称转录。

3. 指转录起始阶段,由 RNA 聚合酶全酶-DNA 模板-pppGpN-OH 组成的复合物,它的形成标志着转录的开始。

4. mRNA 上的一些序列经过编辑过程发生改变,使有些基因的蛋白质产物的氨基酸序列与基因初始转录物的序列不完全对应。这种基因表达的调节方式称 mRNA 编辑。

5. DNA 及 hnRNA 分子中的能转录而不能编码氨基酸的序列。

6. DNA 及 hnRNA 分子中的能转录又能编码氨基酸的序列。

四、问答题

1. 答:RNA 聚合酶由核心酶($\alpha_2\beta\beta'$)和 σ 因子组成全酶($\alpha_2\beta\beta'\sigma$),其中 σ 因子具有辨认转录起始点;全酶($\alpha_2\beta\beta'\sigma$)催化形成转录的第一个磷酸二酯键,并参与构成转录起始复合物;核心酶($\alpha_2\beta\beta'$)主要在转录起始复合物形成之后催化四种 NTP 为原料使 RNA 链沿 $5'\rightarrow3'$ 方向不断延长。

2. 答:在 DNA 复制和转录的基本过程中,存在一些相同点和不同点。首先,DNA 复制和转录都是合成核酸大分子的基本过程;需要 DNA 链作为合成的模板;模板链阅读的方向均为 $3'$ 端→$5'$ 端,子链合成的方向均为 $5'$ 端→$3'$ 端;都遵循碱基互补配对规律;核苷酸之间连接的化学键都是 $3',5'$-磷酸二酯键。其次,也存在许多不同点,具体见下表:

DNA 复制和转录的不同点

不同点	DNA 复制	转录
特点	遗传信息的完全复制	部分基因的转录
方式	半保留复制	不对称转录
主要的酶	RNA 聚合酶	DNA 聚合酶
方向	双向复制	单向转录(具有固定的起始和终止位点)
底物	四种 dNTP	四种 NTP
是否需要引物	需要	不需要
产物	DNA	RNA

3. 答:(1)起始阶段:RNA 聚合酶在相关因子协助下,识别并结合于转录起始位点 DNA 局部形成转录空泡。

(2)延长阶段:RNA-pol 的核心酶催化为主,使 RNA 沿 $5'\rightarrow3'$ 的方向延伸。

(3)终止阶段:在 σ 因子作用下或 DNA 模板转录终止区有特殊序列 RNA3'-端易形成茎环状及出现 polyU 而促使 RNA 合成终止与 DNA 分离。

(顾龙龙)

第十三章　蛋白质的生物合成

学习要求

1. 掌握：遗传密码子的概念和特点；mRNA、tRNA、核蛋白体在蛋白质生物合成中的作用，多聚核糖体的概念；分子伴侣的概念和分类。
2. 熟悉：原核生物蛋白质生物合成的过程。
3. 了解：翻译后的加工和修饰以及抗生素对蛋白质合成的影响。

知识概要

生物体内的蛋白质是以氨基酸为原料，以 mRNA 为模板而合成的。蛋白质生物合成的过程即是将 mRNA 上蕴含于核苷酸的排列顺序中的遗传信息转变为氨基酸的排列顺序，简而言之就是将核苷酸"语言"转变为了氨基酸"语言"，因此被称为翻译（translation）。

一、蛋白质的生物合成过程

（一）氨基酸的活化

氨基酸的活化是指氨基酸与特异的 tRNA 在氨基酰-tRNA 合成酶催化下形成氨基酰-tRNA 的过程。该过程是一个耗能的过程，每活化 1 个氨基酸，需要消耗 2 个高能磷酸键。

（二）蛋白质多肽链合成的起始（initiation）

指 mRNA、起始氨基酰-tRNA 分别与核蛋白体结合形成翻译起始复合物（translation initiation complex）的过程。

（三）蛋白质多肽链合成的延长（elongation）

翻译起始复合物形成后，核蛋白体沿 mRNA 分子的 $5'→3'$ 方向移动，按照遗传密码的顺序，从 N→C 方向合成蛋白质多肽链。此过程是在核蛋白体上反复进行的进位、成肽和转位的循环过程。每进行一次循环则增加 1 个氨基酸单位。该过程又被称为核蛋白体循环（ribosomal cycle）。在进位和转位过程中均需 GTP 提供能量。

（四）蛋白质多肽链合成的终止（termination）

当核蛋白体的 A 位出现任一终止密码时，翻译过程终止。在 RF 的作用下，释放出新合成的蛋白质多肽链，mRNA 大小亚基解聚，tRNA 以及 RF 从核蛋白体解离。

二、蛋白质的翻译后加工修饰及靶向输送

新生的蛋白质多肽链并不具有生物学活性，必须经过正确的折叠及加工修饰后才能形成特定空间结构的蛋白质，此时蛋白质才具有生物学活性。

（一）蛋白质多肽链的折叠
（二）蛋白质一级结构的修饰
（三）蛋白质空间结构的修饰
（四）蛋白质合成后的靶向运输

三、蛋白质生物合成与医学

某些药物或毒素可以通过阻断真核或原核生物蛋白质生物合成过程中某些步骤,从而干扰或抑制蛋白质的生物合成过程。

练习题

一、单项选择题

1. 翻译的直接模板是　　　　　　　　　　　　　　　　　　　（　　）
    A. DNA 有意义链　　　　　　B. DNA 编码链　　　　　　C. DNA 双链
    D. mRNA　　　　　　　　　　E. rRNA

2. 翻译过程中转运氨基酸的工具是　　　　　　　　　　　　　　（　　）
    A. mRNA　　　　　　　　　　B. tRNA　　　　　　　　　C. rRNA
    D. 5S rRNA　　　　　　　　　E. DNA

3. 肽链合成的场所是　　　　　　　　　　　　　　　　　　　　（　　）
    A. mRNA　　　　　　　　　　B. tRNA　　　　　　　　　C. rRNA
    D. 核蛋白体　　　　　　　　　E. DNA

4. 在 mRNA 的结构上,起始密码一般为　　　　　　　　　　　（　　）
    A. UAA　　　　　　　　　　　B. UAG　　　　　　　　　C. UGA
    D. UAG　　　　　　　　　　　E. AUG

5. 蛋白质合成的方向是　　　　　　　　　　　　　　　　　　　（　　）
    A. 由 mRNA 的 3′-端→5′-端进行
    B. 可由 mRNA 的 3′端和 5′-端同时进行
    C. 由肽链的 C 端→N 端进行
    D. 由肽链的 N 端→C 端进行
    E. 可由肽链的 N 端和 C 端同时进行

6. 若 mRNA 上的密码子为 5′-GGC-3′,其对应的 tRNA 反密码子是　（　　）
    A. 5′-CCC-3′　　　　　　　　B. 5′-CCG-3′　　　　　　C. 5′-GCC-3′
    D. 5′-CGC-3′　　　　　　　　E. 5′-GGC-3′

7. 蛋白质生物合成中多肽链的氨基酸序列取决于　　　　　　　（　　）
    A. 相应 tRNA 的专一性
    B. 相应氨基酰-tRNA 合成酶的专一性
    C. 相应 tRNA 上的反密码子
    D. 相应 mRNA 中核苷酸的排列顺序
    E. 相应 rRNA 的专一性

8. 下列关于氨基酸密码子的描述哪一项是错误的　　　　　　　（　　）
    A. 密码子有种属特异性,所以不同生物合成不同的蛋白质
    B. 密码子阅读有方向性,从 5′-端→3′-端阅读
    C. 一种氨基酸可能有若干个密码子
    D. 一组密码子往往只代表一种氨基酸

　　E. 密码子第三位碱基编码某种氨基酸时特异性较低

9. 遗传密码的简并性指 　　　　　　　　　　　　　　　　　　　（　　）

　　A. 一些密码子可缺少一个嘌呤或嘧啶碱基

　　B. 密码中有许多稀有碱基

　　C. 大多数氨基酸的密码子不止一种

　　D. 一些密码子适用于一种以上的氨基酸

　　E. 一种氨基酸只有一种密码子

10. 摆动配对的正确含义是 　　　　　　　　　　　　　　　　　　（　　）

　　A. 一种反密码子第一位碱基能与不同的几种相应的密码子的第三位碱基配对

　　B. 使肽键在核蛋白体大亚基中得以伸展的一种机制

　　C. 一种氨基酸可以与多种 tRNA 结合

　　D. 指核蛋白体沿着 mRNA 5′-端向 3′-端移动

　　E. 指 RNA 分子内局部碱基序列之间的配对

11. 下列关于蛋白质生物合成的描述,错误的是 　　　　　　　　　　（　　）

　　A. 氨基酸必须活化为活性氨基酸

　　B. 体内 20 种编码氨基酸都有相应的密码子

　　C. 活化氨基酸被转运到核蛋白体上

　　D. 蛋白质合成方向是 N 端→C 端

　　E. 反密码子严格按碱基配对规则识别密码子

12. 原核生物蛋白质生物合成中肽链延长所需的能量来源于 　　　　（　　）

　　A. ATP　　　　　　　　　B. GTP　　　　　　　　C. GDP

　　D. UTP　　　　　　　　　E. CTP

13. 蛋白质合成过程中,每增加一个氨基酸残基,至少消耗几个高能磷酸键 　（　　）

　　A. 2　　　　　　　　　　B. 3　　　　　　　　　C. 4

　　D. 5　　　　　　　　　　E. 6

14. 原核生物翻译起始复合物包含下列哪些组分 　　　　　　　　　　（　　）

　　A. DNA＋RNA＋RNA 聚合酶

　　B. 翻译起始因子＋核蛋白体

　　C. 核蛋白体＋起始 tRNA

　　D. 核蛋白体＋fMet-tRNA^{fMet}＋mRNA

　　E. 氨基酰-tRNA 合成酶

15. 蛋白质生物合成的终止信号由下列哪种因子识别 　　　　　　　（　　）

　　A. σ因子　　　　　　　　B. RF　　　　　　　　C. EF

　　D. IF　　　　　　　　　　E. ρ因子

16. 核蛋白体循环发生在以下哪个阶段 　　　　　　　　　　　　　（　　）

　　A. 翻译过程的起始阶段　　B. 翻译过程的延长阶段　　C. 翻译过程的终止阶段

　　D. 形成翻译起始复合物　　E. 核蛋白体大小亚基解聚

17. 在翻译延长阶段中,进位 　　　　　　　　　　　　　　　　　（　　）

　　A. 是指核蛋白体在 mRNA 上移动一个密码

　　B.是指下一位氨基酸-tRNA进入核蛋白体A位

　　C.又称为成肽

　　D.是指将P位上的氨酰基转移到A位形成一个肽键

　　E.又称转位

18.在大肠杆菌体内合成的未经修饰的多肽链,其N末端应是哪种氨基酸　　　　（　　）

　　A.蛋氨酸　　　　　　　　B.丝氨酸　　　　　　　　C.甲酰蛋氨酸

　　D.甲酰丝氨酸　　　　　　E.谷氨酸

19.蛋白质合成时,肽链延伸终止的原因是　　　　　　　　　　　　　　　　（　　）

　　A.核蛋白体已到达mRNA 3′-端

　　B.特异tRNA识别终止密码

　　C.终止密码子部位有较大阻力,核蛋白体无法沿mRNA移动

　　D.终止密码进入A位时,释放因子识别终止密码子,使转肽酶转变为酯酶活性

　　E.终止密码子本身具有酯酶作用

20.氨基酸活化需要耗能　　　　　　　　　　　　　　　　　　　　　　　　（　　）

　　A.1 mol ATP　　　　　　B.1 mol GTP　　　　　　C.2个高能磷酸键

　　D.2 mol ATP　　　　　　E.2 mol GTP

21.mRNA分子中插入或缺失非3n倍数的碱基,可以改变翻译出的蛋白质分子的氨基
酸排列顺序,该过程中涉及以下哪个遗传密码的特点　　　　　　　　　　（　　）

　　A.通用性　　　　　　　　B.连续性　　　　　　　　C.简并性

　　D.方向性　　　　　　　　E.摆动性

22.下列哪一项属于翻译后的加工　　　　　　　　　　　　　　　　　　　　（　　）

　　A.5′-端加帽　　　　　　　B.3′-端加尾　　　　　　　C.酶原的激活

　　D.酶的变构　　　　　　　E.蛋白质的糖基化

二、填空题

1.在mRNA分子中,终止密码一般为:_____、_____、_____。

2.直接参与合成蛋白质生物合成的核酸是:_____、_____、_____。

3.原核生物蛋白质生物合成时,翻译起始复合物的组成成分包括:_____、
_____、_____。

4.遗传密码具的特点:_____、_____、_____、_____、_____。

5.蛋白质多肽链延长的过程经历的步骤:_____、_____、_____。

6.蛋白质生物合成过程中。阅读模板的方向:_____;合成蛋白质多肽链的方
向:_____。

三、名词解释

1.遗传密码子　　2.核蛋白体循环　　3.分子伴侣　　4.DNA损伤

四、问答题

1.简述遗传密码的特点。

2.试述三种RNA在蛋白质合成中的作用及原理。

3.试述DNA损伤的类型和修复的方式。

参考答案

一、单项选择题

1. D　2. B　3. D　4. E　5. D　6. C　7. D　8. A　9. C　10. A
11. E　12. B　13. C　14. D　15. B　16. B　17. B　18. C　19. D　20. C
21. B　22. E

二、填空题

1. UAG　UGA　UAA
2. mRNA　tRNA　rRNA
3. 核蛋白体　fMet-tRNA^{fMet}　mRNA
4. 方向性　连续性　简并性　摆动性　通用性
5. 进位　成肽　转位
6. 5′端向3′端　N端向C端

三、名词解释

1. 遗传密码(密码子):mRNA分子上从5′-端至3′-端方向,从AUG开始,每3个相邻的核苷酸为一组,编码蛋白质多肽链上某一种氨基酸或表示蛋白质合成的起始或终止信号,此类三联体形式的核苷酸序列被称为遗传密码(genetic code)或者密码子(condon)。

2. 核蛋白体循环:是蛋白质的合成过程,由核蛋白体大、小亚基、mRNA以及fMet-tRNA^{fMet}结合成起始复合物开始,主要经进位、成肽、转位反复进行进而延伸肽链,核蛋白体沿mRNA的5′端向3′端移动,当核蛋白体到达终止密码时,核蛋白体大小亚基解聚,肽链及tRNA释放,解聚的核蛋白体又可重新聚合进入下一次肽链的合成过程,称核蛋白体循环。

3. 分子伴侣:是细胞内一类可识别多肽链的非天然构象,促进各功能域和整体蛋白质正确折叠的保守蛋白质。

4. DNA损伤:在某些物理化学因素的作用下,如电离辐射(α、β、γ射线),紫外线,X光,化学诱变剂(苯并芘,烷化剂,亚硝酸盐等)等,使DNA分子中相邻嘧啶碱之间产生共价结合生成嘧啶二聚体,碱基出现点突变,碱基缺失或插入而引起框移突变(frameshift mutation),DNA分子内大片段DNA产生重排(或重组),两条DNA链间产生交联等。这些基因结构改变的结果,将引起生物体遗传性状的改变,有的导致疾病的发生、严重时引起机体死亡,称DNA损伤。

四、简答题

1. 答:(1)方向性:mRNA上的密码子阅读方向总是5′→3′方向。(2)连续性:密码的阅读是连续的,密码之间无间断、无交叉。(3)简并性:在代表氨基酸的密码中,除Met和Trp,其他的氨基酸由2、3、4或6个密码子代表,这种现象称遗传密码的简并性。(4)通用性:对于整套密码,一般认为从简单的生物到人类都通用,但也存在特殊性,如:动物细胞线粒体中,AUA代表Met的密码和起始密码,AGA、AGG代表终止密码。(5)摆动性:在密码子中的第三个碱基与反密码子的第一个碱基不严格按照碱基互补配对规律识别,具有可变性,称摆动配对。

2.答:(1)mRNA,作用:蛋白质生物合成的直接模板。原理:mRNA 分子上从 5′-端至 3′-端方向,从 AUG 开始,每 3 个相邻的核苷酸为一组,编码蛋白质多肽链上某一种氨基酸或表示蛋白质合成的起始或终止信号,此类三联体形式的核苷酸序列被称为遗传密码(genetic code)或者密码子(condon)。(2)tRNA,作用:每种 tRNA 特异地与相应的氨基酸结合,把活化的氨基酸转运到核蛋糖体上,并识别它所携带的氨基酸对应的 mRNA 的密码。原理:①tRNA 3′-端 CCA-OH 与相应氨基酸的酰基特异性结合为氨基酰-tRNA,从而将氨基酸转运入核蛋白体。②tRNA 上的反密码子按碱基配对识别 mRNA 的密码子,从而使 mRNA 的密码序列转化为肽链合成时的氨基酸序列。(3)rRNA,作用:rRNA 与相应的蛋白质结合形成核蛋白体,是蛋白质合成的场所。原理:①核蛋白体由大、小亚基组成。②小亚基上 rRNA 能识别并结合 mRNA 转录的起始位点的碱基序列。大亚基上有参与合成肽链有关的酶。③原核生物核蛋白体的大、小亚基结合形成三个结合位点:P 位、A 位和 E 位。其中 P 位和 A 位各对应一个 mRNA 的密码。A 位结合氨基酰-tRNA。在转肽酶作用下,P 位上结合的肽酰-tRNA 将肽酰基转给 A 位上氨基酰-tRNA 的氨基酸的氨基,并以肽键相连,而延长肽链。E 位用于释放出已经卸载的 tRNA。

3.答:基因损伤的类型:

(1)点突变

(2)缺失、插入及框移突变

(3)重排

DNA 损伤的修复:

(1)光修复(photoreactivation)

(2)切除修复

(3)重组修复(recombinational repair)

(4)SOS 修复(SOS repair)

（谢薇）

第十四章 基因表达调控

学习要求

1.掌握:基因表达的概念;基因表达的特点及方式;操纵子的概念,乳糖操纵子的结构及其调控机制;顺式作用元件、反式作用因子、启动子和增强子的概念。

2.熟悉:启动子和增强子的作用特点;原核生物及真核生物基因组结构的特点;转录因子的分类及其结构。

3.了解:基因表达调控的基本原理;原核生物转录终止调节机制以及翻译水平的调节。

知识概要

基因是负载特定遗存信息的 DNA 片段,在一定条件下,表达出相应产物的过程称为基因表达,基因表达具有时间和空间特异性。基因表达受多级调控,其中转录水平的调控最为重要。原核生物的转录水平的调控以操纵子模型最为普遍。真核生物基因表达调控通过顺式作用元件和反式作用因子相互作用而实现调控。

一、基本概念

基因表达:指储存遗传信息的基因经过一系列步骤表现出其生物功能的整个过程。典型的基因表达是基因经过转录、翻译,产生有生物活性的蛋白质的过程。有些基因表达只经过转录过程。

二、基因表达的特点

(一)基因表达具有时间特异性和空间特异性

(二)基因表达方式的多样性

(三)基因表达受顺式作用元件及反式作用因子的共同调节

(四)基因表达调控呈多层次和复杂性

(五)基因表达调控是生物体生长和发育的基础

三、原核基因表达调控

(一)原核生物染色体基因组结构特点

1.连续性

2.多顺反子

3.重复顺序少

4.多为单拷贝基因(rRNA 除外)

5.表达的基因在基因组中所占比例约 50%,远大于真核生物

(二)操纵子调控

1.操纵子定义

操纵子是存在于原核生物中的一种主要的调控模式,该模式也见于低等真核生物中。

在原核生物中,若干结构基因可串联在一起,其表达受到同一调控系统的调控,这种基因的组织形式称为操纵子。典型的操纵子可分为控制区和信息区两部分。控制区由各种调控基因所组成,而信息区则由若干结构基因串联在一起构成。

2.乳糖操纵子调节机制

(1)乳糖操纵子的结构

(2)乳糖操纵子的调节机制

四、真核基因表达调控

(一)真核基因组结构特点

1.真核基因组结构庞大

2.单顺反子

3.重复序列多

4.基因不连续(断裂基因)

表 14-1　原核和真核基因结构的不同点

不同点	原核基因	真核基因
基因组	小	庞大
重复序列	少	多
结构基因	一般连续组成	断裂基因
表达产物	多顺反子	单顺反子
非编码序列	相对少	相对较多
表达基因数	相对多	相对少

(二) 顺式作用元件

概念:能与反式作用因子特异结合,调节真核基因转录的特异 DNA 序列,包括启动子,增强子和沉默子。

1.真核基因启动子是 RNA 聚合酶结合位点周围的一组转录控制组件,至少包括一个转录起始点以及一个以上的功能组件。如:TATA 盒、GC 盒、CAAT 盒。

2.增强子指远离转录起始点、决定基因的时间、空间特异性、增强启动子转录活性的 DNA 序列,其发挥作用的方式通常与方向、距离无关。

增强子的特点:①在转录起始点 $5'$ 或 $3'$ 侧均能起作用;②相对于启动子的任一指向均能起作用;③发挥作用与受控基因的远近距离相对无关;④对异源性启动子也能发挥作用;⑤通常具有一些短的重复顺序。

3.某些基因的负性调节元件,当其结合特异蛋白因子时,对基因转录起阻遏作用。

(三)反式作用因子

概念:能与顺式作用元件特异结合,调节真核基因转录的蛋白因子,又称转录因子。

转录调节因子分类(按功能特性):①基本转录因子,是 RNA 聚合酶结合启动子所必需的一组蛋白因子,决定三种 RNA(mRNA、tRNA 及 rRNA)转录的类别。②特异转录因子,是个别基因转录所必需,决定该基因的时间、空间特异性表达。分为:转录激活因子和转录抑制因子两种。

转录调节因子结构:①DNA 结合域;②转录激活域;③蛋白质-蛋白质结合域(二聚化结构域)。

练习题

一、单项选择题

1. 关于基因表达,正确的是 （　　）
   A. 基因表达的产物只能是蛋白质
   B. 生物体内只有少数基因不表达
   C. 基因表达通常指基因的转录及翻译过程
   D. 不同组织基因表达活性相同
   E. 同一基因在不同组织细胞内基因表达的活性相同

2. 基因表达的特点,错误的是 （　　）
   A. 某一基因在个体发育的不同阶段表达活性不同
   B. 不同组织的基因表达不同
   C. 不同器官的基因表达不同
   D. 基因表达都是持续稳定的
   E. 基因表达受机体生长及代谢的调控

3. 关于基因表达的时间特异性,错误的是 （　　）
   A. 某些基因表达活性随时间顺序递减
   B. 某些基因表达活性随时间顺序递增
   C. 某些基因只在特定发育阶段才表达
   D. 基因表达是持续稳定的
   E. 基因表达的启动和关闭都由时间来调控

4. 关于基因表达的诱导,错误的是 （　　）
   A. 诱导是指可诱导基因受环境的影响,基因表达产物增多的现象
   B. 诱导是基因被激活,发生表达
   C. 诱导是发生基因增生,因而基因表达产物增多
   D. 诱导现象只能是可诱导基因才能发生
   E. 诱导是原核基因表达调控的常见方式

5. 关于基因表达的阻遏,正确的是 （　　）
   A. 阻遏是基因表达减速的现象
   B. 多数基因表达都可发生阻遏现象
   C. 阻遏是某些因素造成基因表达产物水平降低
   D. 阻遏中基因表达受抑制
   E. 阻遏是原核基因表达调控的最常见方式

6. 操纵子 （　　）
   A. 是原核生物的一个完整的转录单位

B. 是转录的编码序列

C. 是转录的非编码序列

D. 是转录的调控序列

E. 一个操纵子编码一种蛋白质

7. RNA 聚合酶结合操纵子的位置是   （   ）

   A. 调节基因　　　　　　　　B. 结构基因起始区　　　　C. 启动子

   D. 操纵基因　　　　　　　　E. 增强子

8. 诱导乳糖操纵子转录的物质是   （   ）

   A. 乳糖　　　　　　　　　　B. 半乳糖　　　　　　　　C. 葡萄糖

   D. AMP　　　　　　　　　　E. G-6-P

9. 乳糖操纵子的诱导见于何种情况   （   ）

   A. 乳糖（＋）、葡萄糖（＋）

   B. 乳糖（－）、葡萄糖（＋）

   C. 乳糖（－）、葡萄糖（－）

   D. 乳糖（＋）、葡萄糖（－）

   E. 培养基中只要有乳糖即可诱导

10. 乳糖操纵子的转录调控中,cAMP 的作用是   （   ）

   A. 细胞内 cAMP 的含量增加,可促进乳糖利用 CAP 转变为 cAMP

   B. cAMP 转变为 CAP

   C. cAMP 与 CAP 结合为复合物,促进转录

   D. CAP 转变为 cAMP

   E. cAMP 与转录调控无关

11. 启动子是   （   ）

   A. mRNA 开始被翻译的序列

   B. 开始转录生成 mRNA 的 DNA 序列

   C. RNA 聚合酶识别和结合的 DNA 序列

   D. 阻遏蛋白结合 DNA 的部位

   E. 产生阻遏物的基因

12. 启动子的作用是   （   ）

   A. 启动 DNA 复制的特殊序列

   B. 与基因转录的启动相关的特殊 DNA 序列

   C. 启动翻译的特殊 RNA 序列

   D. 启动转录后加工的特殊 DNA 序列

   E. 启动 DNA 损伤修复的特殊 DNA 序列

13. 关于启动子的特点,错误的是   （   ）

   A. 位于基因上游

   B. 作用无方向性

   C. 一个启动子只作用于一个转录单位

   D. 含有碱基组成相对保守的核心序列

　　E. 不同启动子的作用强弱不同

14. 增强子　　　　　　　　　　　　　　　　　　　　　　　　　　（　　）
　　A. 是特异性高的转录调控因子
　　B. 是增强转录的蛋白质因子
　　C. 是启动子中的核心序列
　　D. 在结构基因上游的 DNA 序列
　　E. 是增强转录的特殊 DNA 序列

15. 增强子的特点是　　　　　　　　　　　　　　　　　　　　　　（　　）
　　A. 只位于结构基因上游
　　B. 只位于结构基因下游
　　C. 只在一个方向起作用
　　D. 决定特定基因转录的起始
　　E. 作用无方向性

16. 下列哪项不是操纵子的组成部分　　　　　　　　　　　　　　（　　）
　　A. 结构基因　　　　　　　　B. 调节基因　　　　　　　　C. 调控序列
　　D. 操纵基因　　　　　　　　E. TATA 盒

17. 顺式作用元件的作用,错误的是　　　　　　　　　　　　　　（　　）
　　A. 可与 RNA 聚合酶结合
　　B. 可与反式作用因子结合
　　C. 调节基因转录
　　D. 只在一个方向起作用
　　E. 有的增强转录,有的抑制转录

18. 顺式作用元件不包括　　　　　　　　　　　　　　　　　　　（　　）
　　A. 启动子　　　　　　　　　B. 增强子　　　　　　　　　C. 沉默子
　　D. 上游启动子元件　　　　　E. 操纵子

19. 乳糖操纵子中基因表达的诱导是　　　　　　　　　　　　　　（　　）
　　A. 阻遏物的生成
　　B. 细菌利用葡萄糖为碳源
　　C. 由底物的存在引起酶的合成
　　D. 细菌可无限制地利用营养物
　　E. 阻遏蛋白被变构从而失去了阻遏作用

20. 乳糖操纵子的结构中,不包括　　　　　　　　　　　　　　　（　　）
　　A. 启动子　　　　　　　　　B. 操纵基因　　　　　　　　C. 结构基因
　　D. CAP 结合位点　　　　　　E. 沉默子

21. 真核基因的结构特点,错误的是　　　　　　　　　　　　　　（　　）
　　A. 真核基因组结构庞大
　　B. 转录产物是多顺反子
　　C. 含大量重复序列
　　D. 真核结构基因是断裂基因

E. 多数序列为非编码序列

22. 关于转录因子,错误的描述是 （ ）

　　A. 是与真核基因转录有关的蛋白质因子

　　B. 可结合顺式作用元件

　　C. 可结合 RNA 聚合酶

　　D. 作用都是增强转录过程

　　E. 可分为基本转录因子和特异性转录因子

23. 关于特异性转录因子,错误的是 （ ）

　　A. 作用的基因有特异性

　　B. 决定基因转录的时间特异性

　　C. 决定基因转录的组织特异性

　　D. 有的是转录激活因子,有的是转录抑制因子

　　E. 变构激活特定的 RNA 聚合酶

二、填空题

1. 基因表达过程常包括：_____、_____。

2. 操纵子的结构包括：_____、_____。

3. 原核生物的基因表达以_____为基本单位。

4. 乳糖操纵子是_____基因转录调控的最经典模式。

5. 真核生物顺式作用元件包括：_____、_____、_____。

6. 真核生物转录调控作用主要是通过_____与_____和 RNA 聚合酶的相互作用来完成的。

7. 一般认为,基因的甲基化程度与基因的表达呈_____关系。甲基化程度越高,基因表达_____。

8. 转录因子的 DNA 结合结构域常见的形式包括：_____、_____、_____。

三、名词解释

1. 操纵子　　　　　　2. 顺式作用元件　　　　　3. 反式作用因子

4. 启动子　　　　　　5. 沉默子　　　　　　　　6. 管家基因

7. 基因表达

四、问答题

1. 试述乳糖操纵子的结构及调控机制。

2. 比较原核和真核基因的结构特点。

参考答案

一、单项选择题

1. C　2. D　3. D　4. C　5. C　6. A　7. C　8. B　9. D　10. C

11. C　12. B　13. B　14. E　15. E　16. E　17. D　18. E　19. E　20. E

21. B　22. D　23. E

二、填空题

1. 转录　翻译
2. 结构基因　调控序列
3. 操纵子
4. 原核生物
5. 启动子　增强子　沉默子
6. 顺式作用元件　反式作用因子
7. 反比　越低
8. 锌指模体　碱性螺旋-环-螺旋　碱性亮氨酸拉链

三、名词解释

1. 操纵子是原核生物基因的一个基本转录单位,由编码序列及上游的调控序列组成。编码序列通常包括几个功能相关的结构基因,调控序列由启动序列(启动子)、操纵序列(操纵基因)及其他调节序列构成。

2. 顺式作用元件是真核基因表达时调控转录过程的特殊 DNA 序列,与转录因子结合而起作用,通常包括启动子、增强子、沉默子等。

3. 反式作用因子与其他基因的顺式作用元件结合,调节基因转录活性的蛋白质因子,根据功能不同可分为基本转录因子和特异性转录因子。

4. 启动子:一般位于结构基因上游,与 RNA 聚合酶识别、结合的特异 DNA 序列,与基因转录起始有关。

5. 沉默子:在真核基因内能抑制基因转录的 DNA 序列。他们与反式作用因子相互结合而起作用。不受距离和方向的限制,并可对异源基因的表达起作用。

6. 管家基因:在生物体的所有细胞中都持续表达,变化比较小,不易受内外环境的影响,其表达产物对生物体的全部生命过程都是必需的,必不可少的。

7. 基因表达:是指储存遗传信息的基因经过一系列步骤表现出其生物功能的整个过程。典型的基因表达包括转录及翻译的过程,有些基因表达只包括转录的过程。

四、问答题

1. 答:(1)乳糖操纵子的结构中含 Z、Y、A 三个结构基因,分别编码利用乳糖的 β- 半乳糖苷酶、通透酶、乙酰基转移酶。此外还有一个操纵序列 O、一个启动序列 P 及上游的分解代谢物基因激活蛋白(CAP)结合位点,构成乳糖操纵子的调控区。在操纵子的上游还有一个调节基因 I,编码一种阻遏蛋白,后者可与 O 序列结合而使操纵子处于关闭状态。(2)乳糖操纵子的负调控:当细菌以葡萄糖为能源时,I 基因编码一种阻遏蛋白,与 O 序列结合,阻碍 RNA 聚合酶与 P 序列结合和向结构基因移动,而抑制结构基因的转录。(3)乳糖操纵子的正调控:当细菌只能以乳糖为能源时,乳糖转变为半乳糖,后者与阻遏蛋白结合,使其构象变化而不能结合 O 序列,从而诱导转录过程。同时,当细胞内葡萄糖浓度降低时,cAMP 的含量升高,cAMP 与 CAP 结合,使 CAP 结合到 CAP 位点上,促进转录过程。

2.答:原核和真核基因结构的不同点

不同点	原核基因	真核基因
基因组	小	庞大
重复序列	少	多
结构基因	一般连续组成	断裂基因
表达产物	多顺反子	单顺反子
非编码序列	相对少	相对较多
表达基因数	相对多	相对少

（谢薇）

第十五章　常用分子生物学技术

学习要求

1. 掌握：PCR 的概念、基本原理及系统组成、RT-PCR 原理；核酸分子杂交、探针的概念；Southern Blotting、Western Blotting 的概念；gDNA 文库、cDNA 文库的概念；基因芯片、蛋白质芯片的概念。

2. 熟悉：PCR 技术的特点、PCR 的衍生技术；印迹技术的分类及应用；Southern Blotting 的基本步骤。

3. 了解：PCR 技术在医学上的应用；Southern Blotting、Northern Blotting、Western Blotting 的基本过程；建立基因文库的方法；生物芯片技术的应用。

内容提要

分子生物学技术是分子生物学的主体，已广泛应用于基础医学和临床医学的研究中。本章将介绍常用分子生物学技术及其应用，包括 PCR、分子杂交与印迹、DNA 测序、基因文库、生物芯片、生物大分子相互作用研究、基因沉默、转基因与基因敲除技术等。

一、PCR 技术

PCR 技术即聚合酶链式反应技术，是一种在体外对特定 DNA 片段的高效合成、扩增和放大的技术。

(一)PCR 技术的工作原理

简言之，PCR 技术实现了体外模拟体内细胞中 DNA 的复制过程，此过程的完成也基于 DNA 具有的变性与复性的性质、耐热 DNA 聚合酶(TaqDNA 聚合酶)的发现及应用。

1. PCR 工作原理

PCR 类似于体内 DNA 半保留复制过程，即以拟扩增的目的 DNA 单链分子为模板，以一对分别与两条模板链的 $3'$ 末端碱基序列互补的寡核苷酸片段为引物，以四种 dNTP 为原料，按照碱基互补原则，由 DNA 聚合酶按半保留复制的机制沿模板的 $3' \rightarrow 5'$ 方向合成新的 DNA 分子，不断重复这一过程，即可使目的 DNA 分子得到扩增。

2. PCR 反应体系与反应步骤

PCR 的反应体系：包括模板 DNA、一对引物、四种 dNTP、耐热 DNA 聚合酶以及含有 Mg^{2+} 的缓冲液。

PCR 的反应步骤：包括变性、退火和延伸三个基本阶段。

3. PCR 技术的特点

PCR 技术有以下特点：①操作简便、省时；②灵敏度高，扩增产物呈指数增加；③特异性强；④模板材料易获取。

(二)常见的 PCR 衍生技术

1. 逆转录 PCR

逆转录 PCR 也称反转录 PCR,是将 RNA 的反转录反应和 PCR 反应联合应用的一种技术。首先以 RNA 为模板,在逆转录酶的作用下合成互补的 DNA 即 cDNA,再以 cDNA 为模板经 PCR 反应扩增目的基因。

2. 原位 PCR

原位 PCR 是 PCR 技术和原位杂交技术的有机结合,即 PCR 反应是在组织切片或细胞涂片上的单个细胞内进行,再与特异性探针进行原位杂交,从而实现在组织细胞原位检测单拷贝或低拷贝的特定 DNA 或 RNA 分子。

3. 实时 PCR

实时 PCR 也称定量 PCR 或实时定量 PCR,是指在 PCR 反应中加入荧光标记分子,使反应中产生的荧光信号与 PCR 产物的量成正比,从而通过监测荧光信号来实时监测 PCR 的反应进程,并由此对模板进行精确定量测定的方法。

二、分子杂交与印迹技术

(一)分子杂交技术

1. 概念:分子杂交通常是指核酸分子杂交,即核酸分子变性后再复性的过程中,不同来源的、互补核酸单链(DNA 和 DNA、DNA 和 RNA、RNA 和 RNA)可以相互结合形成杂化双链的特性,而根据这一特性用探针对目的核酸分子进行定性和定量分析的技术则称为分子杂交技术。

2. 探针是已知序列的、带有标记的核酸(DNA 或 RNA)片段,通常是人工合成的寡核苷酸片段。探针的标记可用同位素(如 ^{32}P、^{35}S、^3H,以 ^{32}P 应用最多),亦可用非同位素(如生物素、地高辛、FITC 等荧光素)。标记探针的方法有缺口平移标记法、随机引物标记法、末端标记法等。分子杂交即通过对探针信号的检测来实现对待测核酸分子的测定。

3. 分类:分子杂交可分为液相杂交和固相杂交,以后者最为常用。固相杂交按操作方法的不同又分为:印迹杂交、原位杂交、斑点杂交和反向杂交等。固相杂交最常用的固相支持物有硝酸纤维素滤膜、尼龙膜,也可用微孔板、磁珠等材料。

(二)印迹技术

1. 概念:印迹技术是将核酸或蛋白质等生物大分子通过毛细管虹吸、电转移或真空转移并固定到硝酸纤维素模等支持载体上的一种方法,因其类似于吸墨纸吸收纸张上的墨迹,故得名。

2. 分类:转印 DNA 的印迹是 Southern 印迹、转印 RNA 的印迹称为 Northern 印迹、转印蛋白质的印迹即为 Western 印迹。Southern 印迹或者 Northern 印迹通常用核酸分子杂交技术完成后续检测,Western 印迹一般通过与特异性抗体的抗原-抗体结合反应进行后续检测,故也称之为免疫印迹技术。三种印迹的比较见表 15-1。

表 15-1　Southern、Northern、Western 三种印迹技术的比较

	Southern 印迹	Northern 印迹	Western 印迹
检测靶分子	基因组 DNA	RNA	蛋白质

续表

	Southern 印迹	Northern 印迹	Western 印迹
限制性内切酶消化	需要	不需要	不需要
电泳分离	琼脂糖电泳	甲醛变性琼脂糖电泳	变性聚丙烯酰胺凝胶电泳
碱变性处理	需要	不需要	不需要
转印、烘干固定	需要	需要	需要
预杂交、杂交	需要	需要	需要
探针	寡核苷酸片段	寡核苷酸片段	抗体

三、基因文库

(一)基因组 DNA 文库

基因组 DNA 文库是指将某生物的全部基因组 DNA 用限制性内切酶消化,获得大小不同的 DNA 片段,再克隆到适合的载体中,并转化相应的宿主细胞获得的所有阳性菌落,它包含有一个细胞全部基因组的 DNA 序列。

(二)cDNA 文库

cDNA 文库是某一组织细胞在一定条件下所表达的全部 mRNA 经反转录合成的 cDNA 序列的克隆群体,是以 cDNA 片段形式储存组织细胞的基因表达信息,具有组织细胞特异性。

四、生物芯片技术

生物芯片技术是以微电子技术和生物技术为依托,在固相基质表面构建微型的生物化学分析系统,以实现对核酸、蛋白质等生物大分子的准确、快速、高通量检测。

(一)基因芯片

基因芯片分为 DNA 芯片和 cDNA 芯片,二者分别以特定的 DNA 和 cDNA 片段为探针经微电子技术有序地固定于支持物表面(硅芯片),然后与标记的待测样品进行杂交反应,通过对杂交信号的检测实现样品 DNA 或 cDNA 的定性、定量分析。

基因芯片的基本技术流程包括芯片微阵列制备、样品制备、核酸分子杂交、杂交信号检测与数据统计分析等。

(二)蛋白质芯片

蛋白质芯片是将高度密集排列的已知蛋白质分子(酶、抗原、抗体、受体、配体等)固定在固相支持物上,再用其捕获能与之特异结合的、带标记的待测蛋白质分子,通过检测反应的特定信号实现对未知蛋白质的检测,常用于蛋白质的高通量表达谱分析。

练习题

一、单项选择题

1. 关于 TaqDNA 聚合酶,下列叙述不正确的是　　　　　　　　　　　　　　　(　)

　　A. 能按引物 $5'→3'$ 方向,以 DNA 为模板,催化 dNTP 合成 DNA 链

    B. 具有校读功能,即 $3'\rightarrow5'$ 核酸外切酶活性

    C. 在 70℃~75℃时,具有最高生物学活性

    D. 一般而言,在 PCR 反应体系中,TaqDNA 聚合酶用量过高,可导致非特异性产物增多

    E. 通常是从嗜热水生菌中分离提取得到

2. Southern blotting 检测的靶分子是   (   )

    A. Pr   B. mRNA   C. RNA

    D. DNA   E. AA

3. Western blotting 杂交的靶分子是   (   )

    A. Pr   B. NA   C. DNA

    D. RNA   E. 糖

4. PCR 经若干循环后,其扩增产物序列是   (   )

    A. 两种引物 $3'$-末端间的区域

    B. 一引物的 $5'$-末端与另一引物的 $3'$-末端间的区域

    C. 两种引物 $5'$-末端间的区域

    D. 产物一端是一引物的 $5'$-末端,而 $3'$-末端不固定,长短不一

    E. 产物的 $3'$-末端固定 $5'$-末端不同,长短不一

5. 关于 PCR 技术,下列哪项是错误的   (   )

    A. 以细胞内 DNA 半保留复制为基础建立的技术

    B. PCR 需要一对引物、模板、4 种 dNTP、TaqDNA 聚合酶、含 Mg^{2+} 的缓冲液

    C. PCR 技术对目的基因的扩增是完全无误的

    D. 以变性、退火、延伸为一次循环

    E. RT-PCR 是逆转录反应和 PCR 反应的联合应用

6. PCR 的扩增倍数为 $(1+X)^n$,但当 $n\geqslant30$ 后,产物的量不再增加,这是因为 (   )

    A. 模板已用完

    B. dNTP 已用完

    C. Mg^{2+} 已用完

    C. TaqDNA 聚合酶趋于饱和,出现"平台效应"

    E. 温度下降

7. PCR 实验的特异性主要取决于   (   )

    A. 4 种 dNTP 的浓度

    B. 循环周期的次数

    C. DNA 聚合酶的种类

    D. 引物序列的结构和长度

    E. 反应体系中模板 DNA 的量

8. 1996 年,英国科学家克隆 Dolly 羊所采用的技术是   (   )

    A. 核转移技术   B. 基因剔除技术   C. 反义核酸技术

    D. 转基因技术   E. 基因沉默技术

9. 确定 DNA 样品之间是否有同源性时,最常选用的杂交方法是   (   )

　　A. dot blotting　　　　　　　B. in situ hybridization　　　　C. Northern blotting

　　D. Southern blotting　　　　　E. Westhern blotting

10. PCR 反应过程中,模板 DNA 变性所需温度一般是　　　　　　　　　　　　（　　）

　　A. 55℃　　　　　　　　　　B. 72℃　　　　　　　　　　　C. 95℃

　　D. 42℃　　　　　　　　　　E. 37℃

11. 经限制性核酸内切酶酶切、电泳分离后再将 DNA 转移至硝酸纤维素膜上杂交的技

　　术是　　　　　　　　　　　　　　　　　　　　　　　　　　　　　　　（　　）

　　A. Northern blotting　　　　　B. Southern blotting　　　　　C. Western blotting

　　D. dot blotting　　　　　　　E. in situ hybridization

12. 电泳分离后将 RNA 转移至硝酸纤维素膜上杂交的技术是　　　　　　　　　（　　）

　　A. Northern blotting　　　　　B. Southern blotting　　　　　C. Western blotting

　　D. dot blotting　　　　　　　E. in situ hybridization

13. 电泳分离后将蛋白质转移至硝酸纤维素膜上与标记蛋白杂交的技术是　　　（　　）

　　A. Northern blotting　　　　　B. Southern blotting　　　　　C. Western blotting

　　D. dot blotting　　　　　　　E. in situ hybridization

14. 直接将 DNA 样品点在硝酸纤维素膜上杂交的技术是　　　　　　　　　　（　　）

　　A. Northern blotting　　　　　B. Southern blotting　　　　　C. Western blotting

　　D. dot blotting　　　　　　　E. in situ hybridization

15. 在组织切片上直接与探针杂交的技术是　　　　　　　　　　　　　　　　（　　）

　　A. Northern blotting　　　　　B. Southern blotting　　　　　C. Western blotting

　　D. dot blotting　　　　　　　E. in situ hybridization

16. 在 PCR 反应中引入荧光标记分子,使反应中产生的荧光信号与 PCR 产物的量成正

　　比,从而实现对 PCR 产物的实时定量分析的技术是　　　　　　　　　　（　　）

　　A. RT-PCR　　　　　　　　　B. real-time PCR　　　　　　　C. in situ PCR

　　D. 不对称 PCR　　　　　　　E. 反向 PCR

17. 免疫印迹是指　　　　　　　　　　　　　　　　　　　　　　　　　　（　　）

　　A. Northern 印迹　　　　　　B. Southern 印迹　　　　　　　C. Eastern 印迹

　　D. Western 印迹　　　　　　E. dot 印迹

18. Southern 印迹中,DNA 变性的实质是以下哪种化学键的断裂　　　　　　（　　）

　　A. 磷酸二酯键　　　　　　　B. 氢键　　　　　　　　　　　C. 次级键

　　D. 离子键　　　　　　　　　E. 共价键

19. PCR 技术的主要用途是　　　　　　　　　　　　　　　　　　　　　　（　　）

　　A. 基因突变的检测　　　　　B. 靶基因的克隆　　　　　　　C. DNA 测序

　　D. mRNA 表达的测定　　　　E. 以上均正确

20. 催化 PCR 反应的酶是　　　　　　　　　　　　　　　　　　　　　　（　　）

　　A. RNA 聚合酶　　　　　　　B. DNA 聚合酶Ⅲ　　　　　　　C. 引物酶

　　D. TaqDNA 聚合酶　　　　　E. 连接酶

21. 基因芯片是建立在哪种技术基础之上的　　　　　　　　　　　　　　　（　　）

　　A. 定量 PCR　　　　　　　　B. 免疫印迹　　　　　　　　　C. 酵母双杂交

D. DNA 测序　　　　　　　　E. DNA 反向点杂交

22.下列有关 cDNA 文库的描述,哪一项是正确的　　　　　　　　（　　）

A. 从特定组织或细胞中提取 RNA

B. 经反转录酶合成 cDNA

C. 合成的 cDNA 插入到合适的载体中

D. cDNA 文库储存的是组织细胞基因表达的信息

E. 以上都正确

23.印迹技术中所使用的固相支持物是　　　　　　　　　　　　（　　）

A. 琼脂糖　　　　　　　　B. 醋酸纤维薄膜　　　　　C.离子交换树脂

D. 硝酸纤维素膜　　　　　E. 聚丙烯酰胺凝胶

24.下列哪一种技术不可能使用 DNA 聚合酶　　　　　　　　　（　　）

A. 探针的合成与标记　　　B. 实时定量 PCR　　　　　C. Western 印迹

D. 原位 PCR　　　　　　　E. DNA 测序

25.DNA 印迹分析的正确操作步骤是　　　　　　　　　　　　（　　）

A. 样品→变性→电泳→转膜→预杂交→杂交→检测

B. 样品→电泳→变性→预杂交→杂交→转膜→检测

C. 样品→电泳→转膜→变性→预杂交→杂交→检测

D. 样品→电泳→变性→转膜→预杂交→杂交→检测

E. 以上均不对

26.关于斑点杂交,下面描述错误的是　　　　　　　　　　　　（　　）

A. 被检测样品需要先变性处理

B. 变性的样品需要固定在膜上

C. 杂交前被检测样品需要酶切和电泳

D. 标记好的探针与膜上的样品进行杂交

E. 杂交前被检测样品不需要酶切和电泳

27.关于生物芯片技术,下面描述错误的是　　　　　　　　　　（　　）

A. 是微电子技术和生物技术的结合

B. 已应用于临床的病毒等基因分型检测

C. 是在固相基质表面构建的微型分子生物学分析系统

D. 标记好的探针是与膜上的样品进行杂交

E. 是对核酸、蛋白质的高通量、大规模平行分析的技术

二、填空题

1.印迹技术可以分为:_____、_____、_____。

2.PCR 的基本反应步骤:_____、_____、_____。

3.印迹技术的基本流程依次为:_____、_____、_____和 _____。

4.Southern blotting 主要用于 _____ 定性和定量分析。亦可用于 _____ 和 _____的分析。

5.Northern blotting 主要用于检测_____表达水平。

6. Western blotting 主要用于检测样品中＿＿＿＿＿＿＿的存在。

7. 根据是否使用探针，可将实时 PCR 分为＿＿＿＿＿＿＿和＿＿＿＿＿＿＿。

8. 常用的探针类实时 PCR 包括：＿＿＿＿＿＿＿、＿＿＿＿＿＿＿、＿＿＿＿＿＿＿。

三、名词解释

1. PCR　　　　　　　　2. RT-PCR　　　　　　　　3. Real-time PCR

4. 分子杂交技术　　　　5. 探针　　　　　　　　　6. 印迹技术

7. gDNA library　　　　 8. cDNA library　　　　　　9. 基因芯片

10. 蛋白质芯片

四、问答题

1. 试述 PCR 技术的基本原理；举例说明在医学中的应用。

2. 什么是定量 PCR？与常规 PCR 技术相比，其优势何在？

3. 比较 Southern blotting、Northern blotting、Western blotting 三种技术的异同点。

4. 简述 gDNA library 与 cDNA library 的差异。

参考答案

一、单项选择题

1. B　2. D　3. A　4. C　5. C　6. D　7. D　8. A　9. D　10. C

11. B　12. A　13. C　14. D　15. E　16. B　17. D　18. B　19. E　20. D

21. E　22. E　23. D　24. C　25. D　26. C　27. D

二、填空题

1. DNA 印迹　RNA 印迹　蛋白质印迹

2. 变性　退火　延伸

3. 电泳　转移　杂交　化学显色

4. DNA 重组　质粒　噬菌体

5. RNA

6. 蛋白质

7. 非探针类　探针类

8. TapMan 探针法　分子信标探针法　荧光共振能量转移探针法

三、名词解释

1. PCR 即聚合酶链反应，是体外 DNA 的合成、扩增和放大技术。经变性、退火和延伸的若干次循环，极微量的目的基因被特异地扩增和放大。

2. RT-PCR 即逆转录 PCR，是以 mRNA 为模板，经逆转录和体外扩增放大得到大量 cDNA 的一种 PCR 技术。

3. Real-time PCR 即实时 PCR，是在 PCR 反应中加入荧光标记分子，使反应中产生的荧光信号与 PCR 产物的量成正比，从而通过监测荧光信号来实时监测 PCR 的反应进程，并由此对模板进行精确定量测定的方法。

4. 核酸分子变性后再复性的过程中，不同来源的、互补核酸单链（DNA 和 DNA、DNA

和 RNA、RNA 和 RNA)可以相互结合形成杂化双链的特性,而根据这一特性用探针对目的核酸分子进行定性和定量分析的技术则称为分子杂交技术。

5.探针是已知序列的、带有标记的核酸(DNA 或 RNA)片段,通常是人工合成的寡核苷酸片段。

6.印迹技术是将核酸或蛋白质等生物大分子通过毛细管虹吸、电转移或真空转移并固定到硝酸纤维素膜等支持载体上的一种方法,因其类似于吸墨纸吸收纸张上的墨迹,故得名。

7.即基因组 DNA 文库,是指包含某一个生物细胞全部基因组 DNA 序列的克隆群体,以 DNA 片段的形式贮存着某一生物的全部基因组 DNA 信息。

8.即 cDNA 文库,是指包含某一组织细胞在一定条件下所表达的全部 mRNA 经反转录而合成的 cDNA 序列的克隆群体,它以 cDNA 片段的形式贮存着该组织细胞的基因表达信息。

9.以特定的 DNA 或 cDNA 片段为探针,经微电子技术有序地固定于支持物表面,然后与标记的待测样品进行杂交反应,通过对杂交信号的检测实现样品 DNA 或 cDNA 的定性、定量分析。

10.蛋白质芯片是将高度密集排列的已知蛋白质分子固定在固相支持物上,再去捕获能与之特异结合的、带标记的待测蛋白质分子,通过检测反应的特定信号实现对未知蛋白质的检测,常用于蛋白质的高通量表达谱分析。

四、问答题

1.答:(1)基本原理:PCR 综合应用了体细胞分裂中 DNA 的半保留复制机理;体外 DNA 分子的热变性和退火的性质;TaqDNA 聚合酶的作用。当 dNTP 存在时,耐高温的 TaqDNA 聚合酶使引物沿单链模板延伸成为 dsDNA。故通过高温变性、低温退火、适温延伸的若干循环,目的 DNA 被扩增、放大。

(2)应用实例:p53 基因突变的检测、PKU 的基因诊断等。

2.答:(1)定量 PCR 也称实时 PCR 或实时定量 PCR,是在 PCR 反应中加入荧光标记分子,使反应中产生的荧光信号与 PCR 产物的量成正比,从而通过监测荧光信号来实时监测 PCR 的反应进程,并由此对模板进行精确定量测定的方法。

(2)与常规 PCR 相比,有如下优势:可对模板量进行准确的绝对和相对定量;特异性更强(因为有引物和探针的双重特异性);灵敏度更高,线性范围广;稳定性更好;自动化程度高;封闭环境、无电泳等后处理。

3.答:见表 15-1。

4.答:(1)构建文库的分子不同:gDNA library 用基因组 DNA 并经酶切消化后的片段来构建;cDNA library 由特定组织细胞的 RNA 经反转录生成的 cDNA 来构建。(2)选用载体不同:gDNA library 要用大容量载体如噬菌体、YAC 等;cDNA library 可用质粒做载体。(3)库中的分子不同:gDNA library 包括某一生物的全部基因组 DNA(编码区和非编码区)信息;cDNA library 储存的是某一组织细胞的基因表达信息,具有组织细胞特异性。

(谢薇)

第十六章　基因重组与基因工程

学习要求

1.掌握：基因工程的概念、基本原理；基因工程常用工具酶、限制性核酸内切酶、DNA连接酶、DNA聚合酶Ⅰ的概念及作用特点；基因工程载体的概念、基本特点及分类（掌握常用载体种类的名称），质粒载体的特点；基因文库的概念、基因组 DNA 文库、cDNA 文库；感受态细胞。

2.熟悉：基因工程的基本过程；阳性重组体筛选的方法。

3.了解：重组 DNA 技术与医学的关系。

知识概要

一、重组 DNA 技术

重组 DNA 技术，又称分子克隆(molecular cloning)或 DNA 克隆(DNA cloning)或基因工程(genetic engineering)技术，其主要过程包括：在体外将目的 DNA 片段与能自主复制的遗传单元（又称载体）连接，形成重组 DNA 分子，进而在受体细胞中复制、扩增，从而获得单一 DNA 分子的大量拷贝。在克隆目的基因后，还可针对该基因表达产物蛋白质或多肽的制备以及基因结构的定向改造。

(一)重组 DNA 技术中常用的工具酶

表 16-1　重组 DNA 技术中常用的工具酶

工具酶	功能
限制性核酸内切酶	识别特异序列（回文结构），切割双链 DNA
DNA 连接酶	催化 DNA 中相邻的 3′-羟基末端和 5′-磷酸基之间形成 3′,5′-磷酸二酯键，连接 DNA 切口或使两个 DNA 分子或片段连接
DNA 聚合酶 Ⅰ	①合成双链 cDNA 分子或片段连接；②采用缺口平移制作高比活探针；③DNA 测序；④填补 DNA 链 3′-OH 末端
Klenow 片段	又名 DNA pol Ⅰ大片段，具有完整 DNA pol Ⅰ的 5′→3′ 聚合、3′→5′ 外切酶（校读）活性，而无 5′→3′外切活性。常用于实验室中 cDNA 第二链合成，双链 DNA 3′-OH 末端标记等
反转录酶	①以 mRNA 为模板合成 cDNA；②替代 DNA 聚合酶Ⅰ进行填补，标记或 DNA 测序
多聚核苷酸激酶	催化多聚核苷酸 5′ 羟基末端磷酸化，或标记探针

工具酶	功能
末端转移酶	在 3′ 羟基末端进行同质多聚物加尾
碱性磷酸酶	切除末端磷酸基

限制性核酸内切酶(restriction endonuclease,RE)能识别双链 DNA 分子内部的特异位点并裂解磷酸二酯键。在基因重组中主要发挥作用的是 Ⅱ 型限制酶。大多数限制酶识别序列为 4~6bp 的回文结构(palindrome),回文结构,又称反向重复序列,是指在两条核苷酸链中,从 5′→3′ 的核苷酸序列是完全一致的(如图 16-1)。

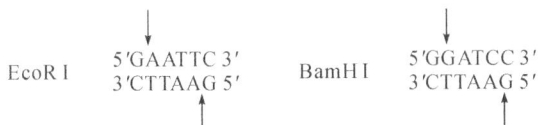

图 16-1 限制酶 EcoR I 和 BamH I 识别的回文结构

多数 Ⅱ 型限制酶错位切割双链 DNA,产生 5′ 或 3′ 突出末端,称为黏性末端,简称黏端(如图 16-2 中的 BamH I)。另一些 Ⅱ 型限制酶对两条链的切割在对应碱基的同一位置进行,产生平头或钝性末端,简称平端或钝端(如图 16-2 中的 Hind II)。

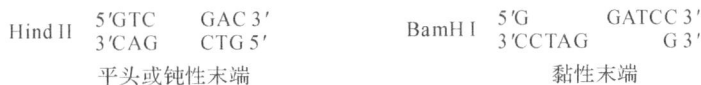

图 16-2 限制酶切割后产生的钝性末端和黏性末端

有些限制酶识别的序列虽不完全相同,但切割 DNA 双链后,可产生相同的黏端,这样的酶彼此互称同尾酶,所产生的相同黏端称为配伍末端。例如,BamH I 和 Bgl II 在切割不同序列后可产生相同的 5′ 黏端(如图 16-3)。

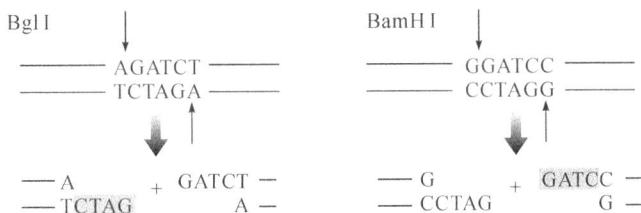

图 16-3 BamH I 和 Bgl II 在切割不同序列后可产生相同的 5′ 黏端

(二)重组 DNA 技术中常用的载体

外援目的基因一般很难自由进入受体细胞内,即使进入,也很难在受体细胞内进行复制和表达,为此,一些特殊结构 DNA 分子,它既能将外源目的基因带入受体细胞内,还能引导目的基因在受体细胞内进行复制和表达,称这些特殊的 DNA 分子为载体(vector)。载体按功能分为克隆载体和表达载体两大类。

1. 克隆载体

克隆载体用于外源 DNA 片段的克隆和在受体细胞中的扩增。

（1）克隆载体应具备的基本特点：①至少有一个复制起始点使载体在宿主细胞中进行自主复制，由于 DNA 复制的连续性，载体在复制的过程中就能使连接在载体上的目的 DNA 同时得到复制（扩增）；②至少有一个选择标志（特定的生理属性或理化特性）：选择标志是用于区分含与不含载体的细胞所必需的，包括抗生素抗性基因、β-半乳糖苷酶基因、营养缺陷耐受基因等；③有适宜的限制酶的单一切点：载体中一般都构建有一段特异核苷酸序列，在这段序列中包含了多个限制酶的单一切点，可供外源基因插入时选择，这样的序列称多克隆位点（multiple cloning site，MCS）。

（2）常用的克隆载体：主要有质粒、噬菌体 DNA、酵母人工染色体和病毒等。

①质粒：是主要存在于细菌染色体外的、能自主复制和稳定遗传的 DNA 分子，通常为环状双链的超螺旋结构。特点：能在宿主细胞内独立自主复制；带有某些遗传信息，会赋予宿主细胞一些遗传性状。

②噬菌体 DNA：常被用作克隆载体的噬菌体 DNA 有 λ 和 M13。

③其他克隆载体：柯斯质粒（cosmid）载体（又称黏粒载体）、细菌人工染色体（bacteria artificial chromosome，BAC）、酵母人工染色体（yeast artificial chromosome，YAC）和病毒载体等。

2. 表达载体

表达载体是用来在宿主细胞中表达外源基因，根据宿主细胞不同，可分为原核表达载体和真核表达载体。

（三）重组 DNA 技术的基本原理及操作步骤

一个以质粒为载体完整的 DNA 克隆过程包括六大步骤：目的 DNA 的分离获取（分）、载体的选择与构建（选或切）、目的 DNA 与载体的连接（接）、重组 DNA 转入受体细胞（转）、重组体的筛选与鉴定（筛）、目的 DNA 的表达（表）。

1. 目的基因的分离获取——分

分离获取目的基因的主要方法有如下几种.①化学合成法.前提是已知某基因的核苷酸序列，或能根据氨基酸序列推导出相应核苷酸序列。一般先合成两条完全互补的单链，经退火后形成双链，然后接入载体，此法通常用于小分子肽类基因的合成或小的核苷酸片段；②从基因组 DNA 文库和 cDNA 文库中获取目的 DNA；③PCR 法：是目前最为常用的方法，根据目的基因两端的碱基顺序合成一对引物，从基因组中经 PCR 扩增获得目的基因；④其他方法，如利用酵母单杂交系统可克隆 DNA 结合蛋白的基因。

2. 载体的选择与构建——切（选）

进行 DNA 克隆的目的主要有二：①获取目的 DNA 片段；②获取目的 DNA 片段所编码的蛋白质。针对第一种目的，通常选用克隆载体；针对第二种目的，通常选用表达载体。在重组 DNA 技术中，载体的选择、构建和改进极富技术性，目的不同，操作基因的性质不同，载体的选择和改建方法也不同。

3. 目的 DNA 与载体的连接——接

依据目的 DNA 和线性化载体末端的特点，在具体的操作中可采用不同的连接策略。主要连接策略如下：

(1)黏端连接　（2)平端连接　（3)黏-平端连接

4.重组 DNA 转入受体细胞——转

重组 DNA 转入宿主细胞后才能得到扩增。将重组 DNA 导入宿主细胞的常用方法有如下几种：

(1)转化　（2)转染　（3)转导

5.重组体的筛选与鉴定——筛

重组 DNA 分子被导入受体细胞后，并非每个细胞都导入成功，就要对导入成功的细胞进行筛选和鉴定，主要筛选和鉴定方法有：

(1)借助载体上的遗传标记进行筛选

①利用抗生素抗性标记选择②利用基因的插入失活③插入表达特性筛选④利用标志补救筛选⑤利用噬菌体的包装特性进行筛选

(2)序列特异性筛选

(3)亲和筛选法

6.目的 DNA 的表达——表

经上述分、切、接、转、筛五个步骤，获得了具有特异序列的基因组 DNA 或 cDNA 克隆，然后采用重组 DNA 技术还可以进行目的基因的表达，实现生命科学研究、医药或商业目的，这是基因工程的最终目标。基因工程中的表达系统包括原核和真核表达体系，两种表达体系各有其优缺点，见表 16-2：

表 16-2　原核表达体系与真核表达体系的比较

	原核表达体系	真核表达体系
表达载体需具备的条件	①含大肠杆菌适宜的选择标志；②具有能调控转录、产生大量 mRNA 的强启动子；③含适当的翻译控制序列；④含有合理设计的 MCS，以确保目的基因按一定方向与载体正确连接，如图 16-2。	真核表达载体除与原核表达载体有相似之处外，还需具备在真核细胞内启动基因表达必要元件，如：①真核细胞选择标志；②源自病毒基因的强启动子；③转录和翻译终止信号；④mRNA加 polyA 信号或染色体整合位点等。
优点	E.coli 是当前采用最多的原核表达体系，其优点是培养方法简单、迅速而又适合大规模生产工艺。	真核表达体系包括酵母、昆虫及哺乳类细胞等表达体系。①可表达克隆的 cDNA 及真核基因组 DNA；②可适当修饰表达的蛋白质，如高尔基复合体内的糖基化修饰；③表达产物分区域积累（便于表达产物分离纯化）。
缺点	①缺乏转录后加工机制不宜表达真核基因组 DNA，一般不用于表达克隆的 cDNA；②不能加工表达真核蛋白质；③表达的蛋白质常形成不溶性包涵体；④很难表达大量可溶性蛋白。	操作技术难、费时、费钱。

二、重组 DNA 技术与医学的关系

目前,重组 DNA 技术已广泛应用于生命科学和医学研究、疾病的诊断与防治、法医学鉴定、物种的修饰与改造等诸多领域。

练习题

一、单项选择题

1. 关于基因重组的描述,下列哪项是错误的　　　　　　　　　（　　）

　　A. 外源 DNA 片段不能在原核细胞中表达

　　B. 外源 DNA 片段可以在原核细胞中表达

　　C. 基因重组可引起自然突变

　　D. 整段 DNA 能在不同物种间进行交换

　　E. 整段的 DNA 能在细胞间进行交换

2. 在分子生物学领域,重组 DNA 技术又称　　　　　　　　　（　　）

　　A. 蛋白质工程　　　　　　　B. 酶工程　　　　　　　　C. 细胞工程

　　D. 基因工程　　　　　　　　E. DNA 工程

3. 在重组 DNA 技术中,不常见到的酶是　　　　　　　　　　（　　）

　　A. DNA 连接酶　　　　　　　B. DNA 聚合酶　　　　　　C. 限制性核酸内切酶

　　D. 反转录酶　　　　　　　　E. 拓扑异构酶

4. 目的基因与载体 DNA 连接效率最低的是　　　　　　　　　（　　）

　　A. 人工接头连接　　　　　　B. 同聚物加尾连接　　　　C. 5′-黏性末端连接

　　D. 钝性末端连接　　　　　　E. 3′-黏性末端连接

5. 可识别特异 DNA 序列,并在识别位点或其周围切割双链 DNA 的一类酶称为（　　）

　　A. 限制性核酸外切酶　　　　B. 限制性核酸内切酶　　　C. 非限制性核酸外切酶

　　D. 非限制性核酸内切酶　　　E. DNA 内切酶

6. cDNA 是指　　　　　　　　　　　　　　　　　　　　　（　　）

　　A. 在体外经反转录合成的与 RNA 互补的 DNA

　　B. 在体内经转录合成的与 DNA 互补的 DNA

　　C. 在体内经转录合成的与 DNA 互补的 RNA

　　D. 在体外经反转录合成的与 DNA 互补的 DNA

　　E. 在体外经转录合成的与 RNA 互补的 RNA

7. 基因组 DNA 代表一个细胞或生物体的　　　　　　　　　　（　　）

　　A. 部分遗传信息

　　B. 整套遗传信息

　　C. 可转录基因的遗传信息

　　D. 非转录基因的遗传信息

　　E. 可表达基因的遗传信息

8. 下列有关质粒的描述正确的是　　　　　　　　　　　　　（　　）

　　A. 质粒分子本身不含有具备复制功能的遗传结构

B.质粒是存在于酵母染色体外的小型环状双链 DNA 分子

C.质粒分子本身是含有复制功能的遗传结构,能在宿主细胞独立自主进行复制

D.质粒一般不携带遗传信息,不会赋予宿主细胞一些遗传性状

E.以上说法都不正确

9.重组 DNA 技术常用的限制性核酸内切酶为　　　　　　　　　　　（　　）

　　A. Ⅰ 类酶　　　　　　　　　B. Ⅱ 类酶　　　　　　　C. Ⅲ 类酶

　　D. Ⅳ 类酶　　　　　　　　　E. Ⅴ 类酶

10.在重组 DNA 技术中催化形成重组 DNA 分子的酶是　　　　　　　（　　）

　　A. DNA 聚合酶　　　　　　　B. RNA 连接酶　　　　　C.核酸内切酶

　　D.反转录酶　　　　　　　　　E. DNA 连接酶

11.已知人乳腺来源于某长度为 1.5kb 的基因序列,获取该目的基因的最方便的方法是

　　　　　　　　　　　　　　　　　　　　　　　　　　　　　　　　　（　　）

　　A.化学合成法　　　　　　　　B.基因组文库法　　　　　C. cDNA 文库法

　　D.聚合酶链反应　　　　　　　E.差异显示法

12.限制性核酸内切酶 Hind Ⅲ 切割 5′-A ▼ A GCTT-3′ 后产生　　　　（　　）

　　A.平端　　　　　　　　　　　B. 5′突出黏端　　　　　C. 3′突出黏端

　　D.钝性末端　　　　　　　　　E.配伍黏性末端

13.构建基因组 DNA 文库时,首先需分离细胞的　　　　　　　　　　（　　）

　　A.染色体 DNA　　　　　　　　B.线粒体 DNA　　　　　C. mRNA

　　D. tRNA　　　　　　　　　　　E. rRNA

14.以质粒为载体,将外源基因导入受体菌的过程称　　　　　　　　　（　　）

　　A.转化　　　　　　　　　　　B.转染　　　　　　　　　C.感染

　　D.转导　　　　　　　　　　　E.转位

15.关于 E.coli 表达载体的描述错误的是　　　　　　　　　　　　　（　　）

　　A.有大肠杆菌适宜的选择标志

　　B.有两套复制原点及选择标记,分别在大肠杆菌和真核细胞中起作用

　　C.具有能调控转录、产生大量 mRNA 的强启动子

　　D.含有适当的翻译控制序列

　　E.还有合理设计的多克隆位点

16.α-互补筛选法属于　　　　　　　　　　　　　　　　　　　　　　（　　）

　　A.抗药性标志筛选　　　　　　B.酶联免疫筛选　　　　　C.标志补救筛选

　　D.原位杂交筛选　　　　　　　E. Southern 杂交筛选

17.下列常用于原核表达体系的是　　　　　　　　　　　　　　　　　（　　）

　　A.酵母细胞　　　　　　　　　B.昆虫细胞　　　　　　　C.哺乳类细胞

　　D.真菌　　　　　　　　　　　E.大肠杆菌

18.真核表达载体不含有　　　　　　　　　　　　　　　　　　　　　（　　）

　　A.选择标记　　　　　　　　　B.启动子　　　　　　　　C.转录翻译终止信号

　　D. mRNA 加 poly A 信号　　　E. 3′-加帽信号

19.就分子结构而论,质粒一般是　　　　　　　　　　　　　　　　　（　　）

A. 环状双链 DNA 分子   B. 环状单链 DNA 分子   C. 环状单链 RNA 分子

D. 线状双链 DNA 分子   E. 线状单链 DNA 分子

20. 一般不用作基因工程载体的是   （   ）

A. 质粒 DNA   B. 昆虫病毒 DNA   C. 基因组 DNA

D. 噬菌体 DNA   E. 逆转录病毒 DNA

21. 用于重组 DNA 的限制性核酸内切酶识别核苷酸序列的   （   ）

A. 正超螺旋结构   B. 负超螺旋结构   C. α 螺旋结构

D. 回文结构   E. 锌指结构

22. 用来鉴定 DNA 的技术是   （   ）

A. Northern 印迹杂交   B. Western 印迹杂交   C. Southern 印迹杂交

D. 离子交换层析   E. SDS-PAGE

23. 构建 cDNA 文库时，首先需分离细胞的   （   ）

A. 染色体 DNA   B. 线粒体 DNA   C. 总 mRNA

D. tRNA   E. rRNA

24. 如果克隆的基因能够在宿主菌中表达，且表达产物与宿主菌的营养缺陷互补，那我

们可以   （   ）

A. 用营养突变菌株进行筛选

B. 用营养完全株进行筛选

C. 通过 α-互补进行蓝白筛选

D. 免疫组化筛选

E. 抗药性标志

25. 限制性核酸内切酶切割 DNA 后产生   （   ）

A. $3'$-磷酸基末端和 $5'$-羟基末端

B. $5'$-磷酸基末端和 $3'$-羟基末端

C. $3'$-磷酸基末端和 $5'$-磷酸基末端

D. $5'$-羟基末端和 $3'$-羟基末端

E. 以上都不是

26. 针对载体携带某种或某些标志基因和目的基因而设计的筛选方法称   （   ）

A. 非直接选择法   B. 直接选择法   C. 免疫学方法

D. 免疫化学方法   E. 酶免检测分析

27. 无性繁殖依赖 DNA 载体的最基本性质是   （   ）

A. 自我转录能力   B. 自我表达能力   C. 自我复制能力

D. 青霉素抗性   E. 卡那霉素抗性

28. 分子遗传学领域里的分子克隆是指   （   ）

A. 细菌克隆   B. DNA 克隆   C. RNA 克隆

D. 动物克隆   E. 植物克隆

29. 重组 DNA 的连接方式不包括   （   ）

A. 平头末端连接   B. 黏性末端连接   C. 同聚物加尾连接

D. 人工接头连接   E. 黏性末端和平头末端不能连接

30. 下列哪种方法不能获得目的基因 （　　）

　　A. 化学合成法　　　　　　B. 基因组 DNA 文库　　　　C. cDNA 文库

　　D. 物理方法　　　　　　　E. PCR 法

31. 若某质粒带有 lacZ 标记基因,那么与之相匹配的筛选方法是在筛选培养基中加入

（　　）

　　A. 半乳糖　　　　　　　　B. 葡萄糖　　　　　　　　C. 蔗糖

　　D. 5-溴-4-氯-3-吲哚基-β-D-半乳糖苷(X-gal)

　　E. 异丙基 β-D-硫代半乳糖苷(IPTG)

32. 目前在高等动物基因工程中广泛使用的载体是 （　　）

　　A. 质粒 DNA　　　　　　　B. 噬菌体 DNA　　　　　　C. 病毒 DNA

　　D. 线粒体 DNA　　　　　　E. 叶绿体 DNA

33. 基因工程发展的主要基础是 （　　）

　　A. 发明了 PCR 技术　　　　B. 人类获得了 DNA 连接酶　　C. 基因可发生转移和重组

　　D. 人类发现了质粒　　　　　E. 大肠杆菌具有快速繁殖能力

34. 分、切、接、转、筛、表是基因工程中主要的 6 个步骤,其中哪一步可能会用到分子杂
交技术 （　　）

　　A. 分　　　　　　　　　　B. 选(切)　　　　　　　　C. 接

　　D. 转　　　　　　　　　　E. 筛

35. 不能作为真核表达载体需具备的条件是 （　　）

　　A. 真核细胞选择标志

　　B. 源自病毒基因的强启动子、增强子

　　C. 转录和翻译终止信号

　　D. 具有 SD 序列

　　E. mRNA 加 polyA 信号

二、填空题

1. 限制性核酸内切酶切割 DNA 后产生的末端有_____和_____。

2. 目的 DNA 有两种类型,即_____和_____。

3. 可充当克隆载体的 DNA 分子有_____、_____和_____。

4. 蓝白筛选时,若外源基因被插入到载体 lacZ 基因内,那么在含有 X-gal 的培养基上生长时会出现_____色菌落,若在 lacZ 基因内无外源基因的插入,在相同的培养条件下呈现_____色菌落。

5. 基因操作中的目的基因获取的途径和来源有_____、_____、_____和_____。

6. 根据重组 DNA 时所采用的载体性质不同,将重组体 DNA 导入受体细胞的方式有_____、_____及_____。

7. 重组体的筛选可采取_____法和_____法。

8. 重组体筛选的直接选择法包括_____、_____及_____。

9. 基因工程的表达系统包括_____和_____。

10.基因工程的真核表达系统包括_____、_____和_____三类。

11.分子医学包含的领域及内容有_____、_____、

_____和_____。

12.识别顺序相同但切割位点不同者称_____酶,识别顺序与切割方式均相同者称_____酶,来源与识别顺序均不同,但切割后形成的限制性片段有相同的黏性末端,称_____酶。

三、名词解释

1.基因工程	2.基因组 DNA 文库	3.载体
4.cDNA 文库	5.质粒	6.感受态细胞
7.转化	8.转染	9.转导
10.蓝-白斑筛选	11. MCS	12. SD 序列

四、简答题

1.常用的工具酶有哪些?其主要用途是什么?

2.重组 DNA 技术常包括哪些基本步骤?

3.常用的目的基因的获取方法有哪些?

4.常用的目的基因与载体的连接方法有哪些?

5.解释质粒,为什么质粒可作为基因载体?

6.何谓限制性核酸内切酶?写出大多数限制性核酸内切酶识别 DNA 序列的结构特点。

参考答案

一、单项选择题

1. A　2. D　3. E　4. D　5. B　6. A　7. B　8. C　9. B　10. E

11. D　12. B　13. A　14. A　15. B　16. C　17. E　18. E　19. A　20. C

21. D　22. C　23. C　24. A　25. B　26. B　27. C　28. B　29. E　30. D

31. D　32. C　33. C　34. E　35. D

二、填空题

1.黏性末端　平头末端

2.cDNA　基因组 DNA

3.质粒 DNA　噬菌体 DNA　病毒 DNA

4.白　蓝

5.化学合成法　基因组 DNA 文库　cDNA 文库　PCR

6.转化　转染　感染

7.直接选择　非直接选择

8.抗药性标志选择　标志补救　分子杂交法

9.原核表达体系　真核表达体系

10.酵母　昆虫　哺乳类动物细胞

11.疾病基因的发现与克隆　生物制药　基因诊断与治疗　遗传病的预防

12.同位　同裂　同尾

三、名词解释

1.基因工程:在体外将外源基因进行切割并与一定的载体连接,构成重组 DNA 分子并导入相应受体细胞,使外源基因在受体细胞中进行复制、表达,使目的基因大量扩增或得到相应基因的表达产物或进行定向改造生物性状。简单概括,就是将外源目的基因与载体重组后再进入宿主细胞的过程。

2.基因组 DNA 文库:用限制性内切酶切割细胞的整个基因组 DNA,可以得到大量的基因组 DNA 片段,然后将这些 DNA 片段与载体连接,再转化到细菌中去,让宿主菌长成克隆。这样,一个克隆内的每个细胞的载体上都包含有特定的基因组 DNA 片段,这样的一套克隆就叫做基因组克隆;其中克隆的一套基因组 DNA 片段就叫做基因组文库。

3.载体:能载带微量物质共同参与某种化学或物理过程的常量物质,在基因工程重组 DNA 技术中将 DNA 片段(目的基因)转移至受体细胞的一种能自我复制的 DNA 分子。三种最常用的载体是细菌质粒、噬菌体和动植物病毒。

4.cDNA 文库:从组织细胞中分离得到纯化的 mRNA,然后以 mRNA 为模板,利用逆转录酶合成其互补 DNA,再复制成双链 cDNA 片段,与适当载体连接后导入受体菌内,扩增,构建 cDNA 文库。

5.质粒:质粒(plasmid)是细菌拟核裸露 DNA 外的遗传物质,为双股闭合环形的 DNA,存在于细胞质中,质粒编码非细菌生命所必须的某些生物学性状,如性菌毛、细菌素、毒素和耐药性等。质粒具有可自主复制、传给子代、也可丢失及在细菌之间转移等特性,与细菌的遗传变异有关。

6.感受态细胞:指受体细胞最易接受外源 DNA 片断并能实现转化的一种生理状态。

7.转化:指将质粒或其他外源 DNA 导入处于感受态的宿主菌,并使其获得新的表型的过程。

8.转染:指真核细胞主动摄取或被动导入外源 DNA 片段而获得新的表型的过程。常用的方法有电穿孔法,磷酸钙共沉淀法,脂质体融合法等。

9.转导:由噬菌体将一个细胞的基因传递给另一细胞的过程。它是细菌之间传递遗传物质的方式之一。其具体含义是指一个细胞的 DNA 或 RNA 通过病毒载体的感染转移到另一个细胞中。

10.蓝-白斑筛选:含 LacZ 基因(编码 β 半乳糖苷酶)该酶能分解生色底物 X-gal(5-溴-4-氯-3-吲哚-β-D-半乳糖苷)产生蓝色,从而使菌株变蓝。当外源 DNA 插入后,LacZ 基因不能表达,菌株呈白色,以此来筛选重组细菌。称之为蓝-白斑筛选。

11.MCS:指载体上人工合成的含有紧密排列的多种限制核酸内切酶的酶切位点的 DNA 片段。

12.SD 序列:在原核生物中,mRNA 起始密码子 AUG 上游 3～11bp 处一段能与16SrRNA3′端序列互补的富含嘌呤的碱基序列称为 SD 序列(SD sequence)。

四、简答题

1.答:限制性内切核酸酶,DNA 聚合酶,Klenow 大片段,DNA 连接酶,碱性磷酸酶,末端脱氧核苷酸转移酶。限制性内切核酸酶,能够识别特异的 DNA 碱基序列,DNA 碱基序列往往呈回文对称结构；DNA 聚合酶位于细胞核内，也许是复合物，有催化细胞增生的作用；Klenow 大片段也可以通过基因工程得到，分子量为 76kDa。DNA 连接酶负责双链 DNA 中相邻 3′-OH 与 5′-磷酸基团之间的磷酸二酯键的形成。碱性磷酸酶的作用是从 DNA 或 RNA 的三磷酸核苷酸上除去 5′磷酸根残基。末端转移酶的作用是将脱氧核糖核苷酸通过磷酸二酯键加到 DNA 分子的 3′-OH 末端。

2. 答：(1)获得目的基因；(2)与克隆载体连接，形成新的重组 DNA 分子；(3)用重组 DNA 分子转化受体细胞，并能在受体细胞中复制和遗传；(4)对转化子筛选和鉴定。在具体工作中选择哪条技术路线；(5)对获得外源基因的细胞或生物体通过培养，获得所需的遗传性状或表达出所需要的产物。主要取决于基因的来源、基因本身的性质和该项遗传工程的目的。

3. 答：直接获取：从基因文库中提取目的基因；使用 PCR 扩增技术获得目的基因；人工合成；其他方法：酵母杂交系统克隆得与蛋白质特异相互作用的基因等。

4. 常用目的基因与载体连接的连接方法有哪些？

答：常用目的基因与载体连接的连接方法有：

(1)黏性末端连接：①同一限制酶酶切位点的连接；②不同限制酶酶切位点的连接，如同尾酶酶切片段之间的连接。

(2)平端连接：DNA 连接酶可以催化相同或不同限制性内切酶切割的平端之间的连接。(3)同聚物加尾连接：在末端转移酶的作用下，在 DNA 片段末段加上同聚物序列，如多聚 A 或多聚 T 之间的退火完成连接。

(4)人工接头连接：人工合成含有某些限制酶切点的寡核苷酸片段，在 T4 DNA 连接酶的作用下，将接头连接到目的 DNA 片段的两端，再用相应的限制酶切割，使外源 DNA 片段的两端具有黏性末端，可与相应的载体连接。

5. 答：质粒是细菌拟核裸露 DNA 外的遗传物质。质粒：(1)具有较小的分子量。经验表明，为了避免在 DNA 的纯化过程中发生链的断裂，克隆载体的分子大小最好不要超过 10Kb。pBR322 质粒这种小分子量的特点，不仅易于自身 DNA 的纯化，而且可容纳较大的外源 DNA 片段；(2)具有两种抗菌素抗性基因可供作转化子的选择记号，能指示载体或重组 DNA 分子是否进入宿主细胞以及外源 DNA 分子是否插入载体分子形成了重组子。

6. 答：限制性核酸内切酶是一类能识别双链 DNA 分子中特异性核苷酸序列并由此特异切割 DNA 双链结构的水解酶，是在 DNA 分子内部切割，水解磷酸二酯键的核酸内切酶，能够识别特异的 DNA 碱基序列，DNA 碱基序列往往呈回文对称结构，并具有特异的切割位点。

（单妍）

第十七章　癌基因、抑癌基因与生长因子

学习要求

1.掌握:癌基因、病毒癌基因、细胞癌基因、抑癌基因与生长因子的概念;病毒癌基因致病机理;细胞癌基因特点及分类;原癌基因活化机制;抑癌基因 p53、Rb 作用机制。

2.熟悉:原癌基因表达产物及功能;抑癌基因与生长因子的分类及作用机制。

3.了解:癌基因、抑癌基因与生长因子三者的关系;癌基因、抑癌基因及生长因子与疾病的关系;细胞凋亡的概念。

知识概要

癌基因可分为病毒癌基因和细胞癌基因(又称原癌基因),前者包括 DNA 肿瘤病毒的癌基因和 RNA 病毒的癌基因。病毒癌基因源于细胞癌基因。病毒癌基因能使宿主细胞发生恶性转化,形成肿瘤。原癌基因正常情况下处于静止或低表达状态,其表达产物对细胞正常生长分化起正调节作用。原癌基因被激活可导致细胞恶变形成肿瘤。原癌基因被激活的方式有:①获得启动子和(或)增强子;②染色体易位;③原癌基因扩增;④点突变等。原癌基因表达产物按其在细胞信号传递系统中的作用可分为:①细胞外的生长因子;②跨膜的生长因子受体;③细胞内信号传导体;④核内转录因子。原癌基因的分类:SRC、RAS、MYC、SIS、MYB 家族。

抑癌基因是一类能抑制细胞过度生长、增殖从而遏制肿瘤形成的基因。抑癌基因丢失、突变或失活,会导致细胞癌变。在机体内,抑癌基因与原癌基因协调表达维持细胞正常生长、分化。常见的抑癌基因:Rb 基因,p53 基因。

生长因子是细胞合成与分泌的一类多肽物质,能够通过靶细胞受体,将信息传递至细胞内部,调节细胞生长与增殖。生长因子作用模式可分为:①内分泌;②旁分泌;③自分泌。

练习题

一、单项选择题

1.关于细胞癌基因叙述正确的是 （　　）

　A.正常细胞含有即可导致肿瘤发生

　B.感染宿主细胞能引起恶性转化

　C.又称为原癌基因

　D.主要存在于 RNA 病毒基因中

　E.感染宿主细胞能随机整合于宿主细胞基因

2.关于抑癌基因的叙述正确的是 （　　）

　A.可促进细胞过度生长

  B. 缺失时不会导致肿瘤发生

  C. 可诱发细胞程序性死亡

  D. 与癌基因表达无关

  E. 最早发现的是 p53 基因

3. 癌基因被激活后其结果可以是   ( )

  A. 出现新的表达产物

  B. 出现过量正常表达产物

  C. 出现异常表达产物

  D. 出现截短的表达产物

  E. 以上都对

4. 原癌基因发生单个碱基的突变可导致   ( )

  A. 原癌基因表达产物增加

  B. 表达的蛋白质结构变异

  C. 无活性的原癌基因移至增强子附近

  D. 原癌基因扩增

  E. 以上都不对

5. 下列那个癌基因表达产物属于核内转录因子   ( )

  A. src   B. K-ras   C. sis

  D. myb   E. mas

6. ( )是调节细胞生长与增殖的多肽类物质。它们通过质膜上特异受体,将信息传

  递至细胞内部。   ( )

  A. 癌基因   B. 抑癌基因   C. 生长因子

  D. 转录因子   E. 生长因子受体

7. 关于 Rb 基因的叙述错误的是   ( )

  A. 基因定位于 13q14

  B. 是一种抑癌基因

  C. 是最早发现的抑癌基因

  D. 编码 p28 蛋白质

  E. 抑癌作用有一定广泛性

8. 关于 EGF 叙述错误的是   ( )

  A. 表皮生长因子,是一种多肽类物质

  B. 可以促进表皮和上皮细胞的生长

  C. EGF 受体是一种典型的受体型 PTK

  D. 与恶性肿瘤发生有关

  E. 可诱导细胞发生凋亡

9. 不属于癌基因产物的是   ( )

  A. 化学致癌物   B. 生长因子类似物   C. 结合 GTP 的蛋白质

  D. 结合 DNA 的蛋白质   E. 酪氨酸蛋白激酶

10. 关于癌基因叙述错误的是   ( )

A. 正常情况下,处于低表达或不表达

B. 被激活后,可导致细胞发生癌变

C. 癌基因表达的产物都具有致癌活性

D. 存在于正常生物基因组中

E. 与抑癌基因协调作用

11. 关于病毒癌基因正确的是　　　　　　　　　　　　　　（　　）

A. 使人体直接产生癌

B. 遗传信息都储存在 DNA 上

C. 以 RNA 为模板直接合成 RNA

D. 可以将正常细胞转化为癌细胞

E. 含有转化酶

12. 关于 p53 基因的叙述错误的是　　　　　　　　　　　（　　）

A. 基因定位于 17p13

B. 是一种抑癌基因

C. 编码产物有转录因子作用

D. 编码 p21 蛋白质

E. 突变后可致癌

13. 能编码 DNA 结合蛋白的癌基因是　　　　　　　　　（　　）

A. myc　　　　　　　　B. ras　　　　　　　　C. sis

D. src　　　　　　　　E. erb B

14. 关于原癌基因的特点叙述错误的是　　　　　　　　　（　　）

A. 广泛存在生物体内

B. 又称细胞癌基因

C. 表达产物呈负调控作用

D. 一旦激活,可能导致细胞癌变

E. 对维持细胞正常生长起重要作用

15. 有关肿瘤病毒叙述错误的是　　　　　　　　　　　　（　　）

A. 有 RNA 肿瘤病毒

B. 有 DNA 肿瘤病毒

C. 能直接引起肿瘤

D. 可使敏感宿主产生肿瘤

E. RSV 是一家禽肉瘤病毒

二、填空题

1. 癌基因可以分为_____和_____。

2. 正常细胞的生长与增殖是由两大类基因调控的,一类是_____信号,促进细胞生长与增殖;另一类为_____信号,_____细胞增殖,促进细胞成熟和分化,两者的效应相互拮抗,维持平衡。

3. 肿瘤病毒根据其核酸组成分为_____病毒和_____病毒。

4.癌基因激活的机制主要有_____、_____、_____和_____四类。

5.原癌基因表达产物按其在细胞信号传递系统中的作用分成以下四类：_____、_____、_____和_____。

6.抑癌基因的_____或_____不仅导致细胞丧失抗癌作用，也可能导致肿瘤的发生。

7.Rb基因比较大，位于人_____号染色体_____臂_____区_____带。

8._____是迄今为止发现的与人类肿瘤相关性最高的基因，该基因编码的蛋白是_____蛋白，该蛋白的作用是_____。

9._____是最早发现的抑癌基因，这种基因最初发现于_____。

10.生长因子由细胞合成后分泌，能够作用于靶细胞上的_____，将_____传递至细胞内部。

三、名词解释

1. oncogene
2. anti-oncogene
3. proto-oncogene
4. virus oncogene
5. growth factor
6. 肿瘤病毒
7. apoptosis

四、问答题

1.什么是癌基因、原癌基因和抑癌基因？

2.试述原癌基因概念及其特点。

3.简述肿瘤病毒的分类及病毒癌基因的来源

4.何为细胞癌基因的激活？举例说明癌基因的激活有哪几种方式？

5.论述癌基因、抑癌基因与肿瘤发生的关系。

参考答案

一、单项选择题

1.C　2.C　3.E　4.B　5.D　6.C　7.D　8.E　9.A　10.C
11.D　12.D　13.A　14.C　15.C

二、填空题

1.病毒癌基因　细胞癌基因

2.正调节　负调节　抑制

3.RNA　DNA

4.获得启动子与(或)增强子　基因易位　基因扩增　点突变

5.细胞外的生长因子　跨膜的生长因子受体　细胞内信号传导体　核内转录因子

6.丢失　失活

7.13　q　1　4

8.p53　P53　维持细胞正常生长抑制恶性增殖

9.Rb　视网膜母细胞瘤

10.受体　信息

三、名词解释

1. oncogene——癌基因，目前认为广义的"癌基因"应当是：凡能编码生长因子、生长因子受体、细胞内生长信息传递分子，以及与生长有关的转录调节因子的基因均属癌基因的范畴。癌基因可分为病毒癌基因和细胞癌基因。

2. anti-oncogene——抑癌基因，是一类能抑制细胞过度生长、增殖从而遏制肿瘤形成的基因。其与调控生长的基因（如原癌基因等）协调表达以维持细胞的正常生长。抑癌基因的丢失或失活不仅丧失抗癌作用，也可能导致肿瘤的发生。

3. proto-oncogene——原癌基因，又称细胞癌基因。它是细胞本身遗传物质的组成部分，人们将这类存于生物正常细胞基因组中的癌基因称为原癌基因。在正常情况下，这些基因处于静止或低表达的状态，不仅对细胞无害，而且对维持细胞的正常功能具有重要作用，当其受到致癌因素作用被活化并发生异常时，则可导致细胞癌变。

4. virus oncogene——病毒癌基因，是一类存在于肿瘤病毒（大多数是逆转录病毒）中的，能使靶细胞发生恶性变化的基因。包括 DNA 肿瘤病毒的癌基因和 RNA 肿瘤病毒的癌基因。

5. growth factor——生长因子，是细胞合成与分泌的一类多肽物质，能够通过靶细胞受体，将信息传递至细胞内部，调节细胞生长与增殖。

6. 肿瘤病毒——是一类能使敏感宿主产生肿瘤或使培养细胞转化成癌细胞的动物病毒，根据其核酸组成分为 DNA 病毒和 RNA 病毒。

7. apoptosis——细胞凋亡，是在某些生理或病理条件下，细胞接到某种信号所触发的并按一定程序进行的主动、缓慢地死亡地过程，借此机体让不需要的细胞消亡，在生长发育和维持组织器官细胞数目恒定以维持内环境的平衡方面起重要作用。

四、问答题

1. 答：癌基因的最初定义是指能在体外引起细胞转化，在体内诱发肿瘤的基因。目前认为广义的"癌基因"应当是：凡能编码生长因子、生长因子受体、细胞内生长信息传递分子，以及与生长有关的转录调节因子的基因均属癌基因的范畴。癌基因可分为原癌基因和病毒癌基因。

原癌基因又称细胞癌基因。它是细胞本身遗传物质的组成部分，人们将这类存于生物正常细胞基因组中的癌基因称为原癌基因。在正常情况下，这些基因处于静止或低表达的状态，不仅对细胞无害，而且对维持细胞的正常功能具有重要作用，当其受到致癌因素作用被活化并发生异常时，则可导致细胞癌变。

抑癌基因是一类能抑制细胞过度生长、增殖从而遏制肿瘤形成的基因。其与调控生长的基因（如原癌基因等）协调表达以维持细胞的正常生长。抑癌基因的丢失或失活不仅导致细胞丧失抗癌作用，也可能导致肿瘤的发生。

2. 答：原癌基因又称细胞癌基因。它是细胞本身遗传物质的组成部分，人们将这类存在于生物正常细胞基因组中的癌基因称为原癌基因。在正常情况下，这些基因处于静止或低表达的状态，不仅对细胞无害，而且对维持细胞的正常功能具有重要作用，当其受到致癌因素作用被活化并发生异常时，则可导致细胞癌变。

原癌基因的特点：①广泛存在于生物界，从酵母到人的细胞普遍存在；②进化过程中，基因序列呈高度保守;③它们存在于正常细胞不仅无害,而且对维持正常生理功能、调控细胞生长和分化起重要作用,是细胞生长和分化、组织再生、创伤愈合所必需;④在某些因素作用下,一旦被激活,可发生数量和结构上的变化,就可能导致正常细胞癌变。

3.答:肿瘤病毒是一类能使敏感宿主产生肿瘤或使培养细胞转化成癌细胞的动物病毒,根据其核酸组成分为 DNA 病毒和 RNA 病毒。RNA 病毒中含有逆转录酶故又称逆转录病毒。

逆转录病毒感染宿主细胞后,经逆转录酶催化,以 RNA 为模板合成 cDNA,然后再合成双链 DNA 前病毒,并以前病毒形式在宿主细胞中代代传递下去,随后病毒 DNA 随机整合于细胞基因组,通过重组或重排,将细胞的原癌基因转导至病毒本身基因组内成为病毒癌基因。这种病毒癌基因不是 RNA 病毒原来的基因,而是来自宿主细胞的原癌基因,所以病毒癌基因源于原癌基因。

4.答:在正常情况下,细胞癌基因处于静止或低表达的状态,不仅对细胞无害,而且对维持细胞的正常功能具有重要作用,当其受到致癌因素,如病毒感染、化学致癌物等作用则可被激活,并发生异常而导致细胞癌变。

癌基因的激活有以下四种方式:①获得启动子和增强子 如鸡白细胞增生病毒引起的淋巴瘤,就是该病毒 DNA 序列整合到宿主正常细胞的 c-myc 基因附近,其 LTR 也同时被整合,成为 c-myc 的启动子,使其高表达;②染色体易位 人 Burkit 淋巴瘤细胞中,位于 8 号染色体的 c-myc 移到 14 号染色体免疫球蛋白重链基因的调节区附近,与该区活性很高的启动子连接而受到活化;③原癌基因扩增 部分乳腺癌人群中 erbB2/HER2 基因拷贝数升高,其目的蛋白表达量上升;④点突变 如 ras 家族的癌基因,正常细胞中 H-ras 在膀胱癌肿瘤细胞由于碱基突变,使正常细胞的甘氨酸变为肿瘤细胞的缬氨酸。

5.答:在正常情况下,癌基因在细胞内处于静止或低表达的状态,其表达的产物不仅对细胞无害,而且能促进细胞生长和繁殖,起正性调控作用,对维持细胞的正常功能具有重要作用。但当其受到致癌因素,如病毒感染、化学致癌物等作用则可被激活,并发生异常而导致细胞癌变。

抑癌基因是一类抑制细胞过度生长、增殖从而遏制肿瘤形成的基因。在机体内起负性调控作用。癌基因激活与过量表达与肿瘤的形成有关。同时抑癌基因的丢失和失活也可能导致肿瘤发生。

癌基因与抑癌基因相互制约,协调表达,维持正负调节信号的相对稳定。一旦其中一方或双方发生异常,则可能导致肿瘤的发生。

(单妍)

第十八章　基因诊断与基因治疗

学习要求

1. 掌握：基因诊断与基因治疗的概念。
2. 熟悉：基因治疗的策略。
3. 了解：基因治疗的基本程序。

知识概要

基因诊断和基因治疗是从基因水平对疾病发生的分子机制进行分析研究，并采取针对性措施加以治疗，这是临床诊断和治疗发展的必然方向。

一、基因诊断

基因诊断是利用现代分子生物学和分子遗传学的技术方法，直接检测基因结构及其表达水平是否正常，从而对疾病作出诊断的方法。基因诊断具有特异性强、灵敏度高、适用范围广、快速、方便、经济等优点。

(一)基因诊断的基本内容

1. 对象　主要是 DNA 分子，涉及功能分析时，还可定量检测 RNA（主要是 mRNA）和蛋白质等分子。
2. 样品　临床上可用于基因诊断的样品有血液、组织块、羊水、绒毛、精液、毛发、唾液和尿液等。
3. 基本步骤　核酸或蛋白质样品的制备→分子生物学技术分析→信号检测。

(二)基因诊断常用技术方法

基因诊断技术可分为定性及定量分析两大类：

$$
\text{基因诊断技术}
\begin{cases}
\text{定性分析}
\begin{cases}
\text{基因分型} \\
\text{突变检测}
\end{cases} \\
\text{定量分析}
\begin{cases}
\text{测定基因拷贝数数} \\
\text{测定基因表达量}
\end{cases}
\end{cases}
$$

1. 核酸分子杂交　常用的技术有 DNA 印迹法（Southern blotting），可用于检测大片段基因缺失或插入；等位基因特异寡核苷酸（ASO）分子杂交，用于已知突变位点的检测。
2. PCR　通过对特异核酸片段扩增，进一步进行分析鉴定。
3. DNA 序列分析　基因突变检测最为直接和确切的诊断方法。
4. 基因芯片　具有快速、高通量的优点。

(三)基因诊断的应用

1. 遗传性单基因病的诊断　用于遗传筛查和产前诊断。
2. 多基因遗传病的预测诊断及风险预测　通过基因测序、基因芯片、Western blotting

等技术对肿瘤相关基因的结构、表达量进行检测。

3.感染性疾病病原体的检测　针对病原体特异性的核酸片段,通过分子杂交和基因扩增等手段进行鉴定。

4.药物疗效评价和用药指导　通过对不同药物代谢基因靶点的药物遗传学检测,为实现个体化用药提供技术支撑。

5.器官移植中的组织配型

6.法医学中的应用　通过 DNA 指纹技术进行个体识别和亲子鉴定。

二、基因治疗

基因治疗是通过一定方式将人体的正常基因或有治疗作用的 DNA 片段导入人体靶细胞,以治疗疾病或纠正异常身体状态的一种治疗方法。它针对的是疾病的根源,即异常的基因本身。

(一)基因治疗的基本策略

1.缺陷基因的原位修复　包括基因矫正和基因置换两种方法。

2.基因增补　是目前临床采用的主要治疗策略。

3.基因沉默或失活　直接抑制有害基因的表达,从而达到治疗疾病的目的。

(二)基因治疗的基本程序

根据靶细胞的不同,基因治疗分为体细胞基因治疗和生殖细胞基因治疗。目前采用的主要是体细胞基因治疗,基本过程分为 5 步:

1.选择治疗基因　选择对疾病有治疗作用的特定基因。

2.载体的选择　分为病毒载体和非病毒载体两大类。病毒载体较为常用,主要有逆转录病毒、腺病毒和腺相关病毒等。逆转录病毒是目前基因治疗中最常用的载体。

3.选择治疗的靶细胞　分为体细胞和生殖细胞,目前采用的主要是体细胞基因治疗。

4.在细胞水平和整体水平导入治疗基因　有间接体内疗法(ex vivo)和直接体内疗法(in vivo)。

5.治疗性基因表达情况的检测

练习题

一、单项选择题:

1.有关基因诊断的特点,不正确的是　　　　　　　　　　　　　　　( )

　　A.属于病因诊断,针对性强

　　B. 特异性高

　　C. 采用分子杂交合 PCR 技术灵敏度高

　　D. 实用性强,诊断范围广

　　E. 不稳定性

2.下列关于分子诊断的描述错误的是　　　　　　　　　　　　　　( )

　　A. 采用分子生物学技术进行的诊断

　　B. 可进行定性和定量分析

　　C. 蛋白质变化是疾病的直接反应,因此针对蛋白质诊断在分子诊断中最常用

    D. 可等同于基因诊断,无明显界限

    E. 对象为 DNA、RNA 或蛋白质三种生物大分子

3. 下列不能用基因诊断技术快速检测出的疾病是 ( )

    A. 病毒性肝炎   B. 癌症   C. 疟疾

    D. 脚气病   E. 肺结核

4. 下列关于单链构象多态性分析叙述正确的是 ( )

    A. 是利用突变造成限制性内切酶酶切点改变的方法

    B. 是利用 DNA 多态性

    C. 是一种连锁分析

    D. 可找出变异所在

    E. 相同长度单链 DNA 碱基不同,空间构象不同,电泳的泳动速度不同

5. 有关 ASO 法的描述正确的是 ( )

    A. 仅需要制备一种探针,该探针针对突变位点

    B. 不可用于诊断已知突变

    C. 仅能检测纯分子

    D. 原理是利用限制性内切酶酶切点的改变

    E. 仅适用于突变类型较少的遗传病的快速诊断

6. 下列一般不用于检测点突变的分子生物学技术是 ( )

    A. Southern 印迹法

    B. 等位基因特异性寡核苷酸分子杂交法(ASO 法)

    C. 基因芯片

    D. 变性高效液相色谱法(DHPLC 法)

    E. 基因测序

7. 针对病原体的检测,关于基因诊断较传统方法优越的描述错误的是 ( )

    A. 直接检测病原体遗传物质,灵敏度和特异度高

    B. 可检测潜伏期的病原体,有利于早诊早治

    C. 检测成本相对较低,经济有效

    D. 由于可准确判断病原体的数量,因此可准确预测病情

    E. 一般无需病原体培养,简便快速

8. 基因诊断获得性疾病最常用的方法是 ( )

    A. 基因测序   B. 基因芯片   C. RFLP 分析

    D. ASO 法   E. PCR 技术

9. 关于产前基因诊断的描述错误的是 ( )

    A. 是产前诊断的水平之一

    B. 可用于检测和控制感染性疾病

    C. 是传统产前诊断的重要补充

    D. 基因诊断检测出含有致病基因的小孩不一定患病,如果是隐性基因的携带者也不会患病

    E. 可用于检测三体综合征及地中海贫血等遗传病

10. 内源基因结构突变发生在生殖细胞所引起的疾病是　　　　　　　　　（　　）

    A. 遗传病　　　　　　　B. 肿瘤　　　　　　　　C. 心血管疾病

    D. 传染病　　　　　　　E. 高血压

11. 下列何种方法不是用于基因诊断的常用技术方法　　　　　　　　　　（　　）

    A. 分子杂交　　　　　　B. 基因测序　　　　　　C. 反义核酸技术

    D. 变性高效液相色谱　　E. PCR

12. 下列哪类疾病基因治疗的效果最确切　　　　　　　　　　　　　　　（　　）

    A. 单基因遗传病　　　　B. 多基因遗传病　　　　C. 恶性肿瘤

    D. 感染性疾病　　　　　E. 心血管性疾病

13. 目前最常采用的基因治疗方法是　　　　　　　　　　　　　　　　　（　　）

    A. 自杀基因的应用　　　B. 基因缺失　　　　　　C. 基因疫苗

    D. 基因增补　　　　　　E. 自杀基因的应用

14. 下列哪种载体是目前基因治疗最常用的载体　　　　　　　　　　　　（　　）

    A. HSV 病毒载体　　　　B. 逆转录病毒载体　　　C. EB 病毒载体

    D. 脂质体载体　　　　　E. YAC 载体

15. 目前下列哪种情况不能作为基因治疗的病种　　　　　　　　　　　　（　　）

    A. 在 DNA 水平上明确的单基因缺陷疾病

    B. 靶细胞可以从病人身上获取、培养，再回输给患者

    C. 生殖细胞的基因治疗

    D. 治疗效果胜过对病人的危害

    E. 表达水平无需严格调控即可使疾病得以改善且无毒副作用

16. 遗传病基因诊断的最重要的前提是　　　　　　　　　　　　　　　　（　　）

    A. 了解患者的家族史

    B. 疾病表型与基因型关系已被阐明

    C. 了解相关基因的染色体定位

    D. 了解相关的基因克隆和功能分析等知识

    E. 进行个体的基因分型

17. 对基因突变的诊断最确切的方法是　　　　　　　　　　　　　　　　（　　）

    A. PCR　　　　　　　　B. 基因芯片　　　　　　C. DNA 序列分析

    D. 基因失活　　　　　　E. 核酸分子杂交

18. 下列检测内容属于基因诊断的是　　　　　　　　　　　　　　　　　（　　）

    A. 肝功能　　　　　　　B. 血细胞计数　　　　　C. CT 扫描

    D. DNA 序列分析　　　　E. 病理切片

19. 下列不属于基因治疗基本策略的是　　　　　　　　　　　　　　　　（　　）

    A. 基因矫正　　　　　　B. 基因增补　　　　　　C. 基因置换

    D. 基因失活　　　　　　E. 基因测序

20. 对基因诊断的叙述错误的是　　　　　　　　　　　　　　　　　　　（　　）

    A. 基因诊断具有高灵敏度

    B. 基因诊断仅仅是针对 DNA 进行检测

C.基因诊断需要利用分子生物学技术

D.基因诊断具有高特异性

E.基因诊断属于"病因诊断"

21.将病变基因中的异常碱基进行纠正,正常部分予以保留的基因治疗方法是　　（　　）

　　A.基因矫正　　　　　　　B.基因增补　　　　　　　C.基因置换

　　D.基因失活　　　　　　　E.基因测序

22.下列不属于基因治疗基本程序的是　　　　　　　　　　　　　　　　（　　）

　　A.治疗性基因的选择　　B.载体选择　　　　　　　C.靶细胞的选择

　　D.治疗性基因导入人体　E.基因失活

23.目前主要克隆的致病基因是　　　　　　　　　　　　　　　　　　（　　）

　　A.糖尿病致病基因　　　B.恶性肿瘤致病基因　　　C.单基因致病基因

　　D.多基因致病基因　　　E.高血压致病基因

24.将正常基因经体内基因同源重组原位替换致病基因的基因治疗方法是　　（　　）

　　A.基因灭活　　　　　　　B.基因矫正　　　　　　　C.基因置换

　　D.基因增补　　　　　　　E.自杀基因的应用

25.目前哪一种细胞不能作为基因治疗的靶细胞　　　　　　　　　　　　（　　）

　　A.淋巴细胞　　　　　　　B.肝细胞　　　　　　　　C.肿瘤细胞

　　D.造血细胞　　　　　　　E.生殖细胞

二、填空题

1.基因突变可导致_____的改变,从而引起_____。

2.基因变异包括_____和_____。

3.内源性基因变异包括_____、_____、_____和_____等。

4.外源性基因变异是指_____疾病。

5.基因诊断常用技术方法有_____、_____、_____和_____。

6.核酸分子杂交技术是依据_____、_____和_____原理设计的技术方法。

7.常用固相核酸杂交方法有_____、_____、_____、_____、_____和_____等。

8.生物芯片技术包括_____、_____、_____、_____、_____和_____。

9.基因测序是将有关基因进行_____,测出_____,从中找出_____所在。

10.基因治疗在概念上分为_____和_____。目前普遍接受的是_____。

11.基因治疗的策略主要有_____、_____、_____和_____等。

12.基因治疗的基本程序包括_____、_____、_____和_____。

13.获得治疗性基因的方法包括_____、_____、_____和_____。

14.常被用于基因治疗的基因转移载体有_____、_____和_____。

15.基因治疗中的靶细胞也称为_____细胞,靶细胞有_____和_____两大类。

16.基因转移方法概括地讲有_____、_____和_____等。

三、名词解释

1.基因诊断(gene diagnosis)　　　　2.基因治疗(gene therapy)

3.基因矫正（gene correction)　　　　4.基因置换(gene replacement)

5.自杀基因(suicide gene)　　　　　　6.RFLP

四、简答题

1.简述基因诊断的基本程序。

2.什么是基因诊断？基因诊断的特点是什么？

3.简述基因治疗的基本策略？

4.法医学中如何进行个体识别和亲子鉴定？

参考答案

一、单项选择题

1.E　2.C　3.D　4.E　5.E　6.A　7.D　8.D　9.D　10.A

11.C　12.A　13.D　14.B　15.C　16.B　17.C　18.D　19.E　20.B

21.A　22.E　23.C　24.C　25.E

二、填空题

1.相应表型　疾病

2.内源性基因变异　外源性基因变异

3.点突变　缺失或插入性突变　染色体移位　基因重排和基因扩增

4.病原体感染性

5.核酸杂交　PCR　基因芯片　基因测序

6.DNA双链碱基互补　变性　复性

7.Southern印迹杂交法　Northern印迹杂交法　斑点或狭缝杂交法　菌落杂交法夹心杂交法　原位杂交法

8.芯片制作(配体点阵及固定化)　样品处理(扩增和标记)　分子间反应或杂交　检测数据处理　综合分析

9.分离　其碱基序列　其变异

10.广义基因治疗　狭义基因治疗　广义基因治疗。

11.基因矫正　基因置换　基因增补　基因失活

12.治疗性基因的获得　基因载体的选择　靶细胞的选择　基因转移方法的选择

13.真核基因组文库　cDNA文库　PCR扩增　人工合成

14.逆转录病毒　腺病毒　腺相关病毒

15.受体　生殖细胞　体细胞

16.化学法　物理法　生物(病毒)法

三、名词解释

1.基因诊断(gene diagnosis):采用分子生物学技术来分析受检者的某一特定基因的结

构(DNA 水平)或功能(RNA 水平)是否正常,以此来对相应的疾病进行诊断。

2. 基因治疗(gene therapy):通过一定方式将正常基因或有治疗作用的 DNA 片段导入人体靶细胞以矫正或置换致病基因的治疗方法,是以改变遗传物质为基础的生物医学治疗。

3. 基因矫正 (gene correction):纠正致病基因中异常碱基,保留正常部分。

4. 基因置换(gene replacement):通过体内基因同源重组,用正常的基因原位替换病变细胞的致病基因,使其恢复正常状态。

5. 自杀基因(suicide gene):一类可以导致受体细胞死亡的外源基因。该基因表达的产物(某些病毒或细菌产生的酶)能将对人体无毒或低毒的药物前体转变为细胞毒性物,从而导致细胞死亡。

6. 限制性片段长度多态性(restriction fragment length polymorphism,RFLP),在人类基因组中,中性突变多发生在限制酶识别位点上,经酶切该 DNA 片段就会产生不同长度的片段,称之为限制性片段长度多态性。

四、简答题

1. 答:基因治疗的基本过程分为 5 步:

(1)治疗性基因的选择　选择对疾病有治疗作用的特定基因。

(2)载体的选择　分为病毒载体和非病毒载体两大类。

(3)靶细胞的选择　分为体细胞和生殖细胞,目前采用的主要是体细胞基因治疗。

(4)治疗性基因导入人体　有间接体内疗法(ex vivo)和直接体内疗法(in vivo)。

(5)治疗性基因表达情况的检测。

2. 答:基因诊断是采用分子生物学技术来分析受检者的某一特定基因的结构(DNA 水平)或功能(RNA 水平)是否正常,以此来对相应的疾病进行诊断。基因诊断的特点是有针对性强;特异性高;灵敏度高和适用面广。

3. 答:基因治疗的基本策略包括:(1)缺陷基因的精确原位修复:包括基因矫正和基因置换,基因矫正:纠正致病基因中异常碱基,保留正常部分;基因置换:通过体内基因同源重组,用正常的基因原位替换病变细胞的致病基因,使其恢复正常状态。(2)基因增补:又称基因修饰,将目的基因导入病变细胞或其它细胞,目的基因的表达产物能修饰缺陷细胞的功能或使原有的某些功能得以加强。(3)基因沉默或失活:将特定的反义核酸(反义 RNA、反义 DNA)和核酶导入细胞,在转录和翻译水平阻断某些基因的异常表达,而实现治疗的目的。

4. 答:个体识别和亲子鉴定可选用 VNTR、STR 和 SNP 三种多态性遗传标志进行 Southern 印迹或 PCR 分析。现今多采用 VNTR 或 STR 遗传标志进行 PCR。

(1)个体识别　根据遗传标志侧翼保守序列设计引物,用 PCR 对该区进行扩增。因遗传标志长度不同,产物经琼脂糖凝胶电泳条带位置不同。除同卵双生子外,不同个体具有不同的条带,具有高度特异性,可进行个体识别。

(2)亲子鉴定　孩子的基因组一个来自母亲,一个来自父亲,故可通过对他们遗传标志进行 PCR,判断亲缘关系。

(单妍)

参考文献

[1] 查锡良,药立波.生物化学与分子生物学(第 8 版)[M].北京:人民卫生出版社,2013.

[2] 查锡良,周春燕.生物化学(第 7 版)[M].北京:人民卫生出版社,2008.

[3] 药立波.医学分子生物学(第 3 版)[M].北京:人民卫生出版社,2008.

[4] 屈伸,刘志国.分子生物学实验技术[M].北京:化学工业出版社,2008.

[5] 朱月春,曹西南.医学生物化学与分子生物学实验教程[M].北京:高等教育出版社,2011.

[6] 刘洛生,赵全芹.医学基础化学[M].济南:山东大学出版社,2006.

[7] 高国全.生物化学(第 3 版)[M].北京:人民卫生出版社,2012.